致密砂岩储层渗吸采油理论及应用

周德胜　刘　雄　李欣儒　任大忠　著

科学出版社

北京

内 容 简 介

本书在系统介绍致密砂岩储层特征、渗吸实验方法、渗吸理论的基础上，结合先进的实验手段和数值模拟方法对影响致密砂岩储层渗吸置换效果的主控因素进行全面系统的分析，对致密砂岩储层渗吸置换微观机理和渗吸置换的基本渗流规律进行深入研究。在考虑重力与毛管压力双重因素的影响下，本书建立渗吸和渗透压两种渗吸置换模式共同作用的机理模型，并在此基础上进行研究分析，给出可行的压裂后返排制度优化方案。

本书可供从事致密砂岩储层压裂渗吸开发技术工作的科研人员和技术人员，以及高等院校石油工程专业师生参考。

图书在版编目（CIP）数据

致密砂岩储层渗吸采油理论及应用/周德胜等著. —北京：科学出版社，2023.1

ISBN 978-7-03-073164-7

Ⅰ.①致… Ⅱ.①周… Ⅲ.①致密砂岩-砂岩储集层-石油开采-研究 Ⅳ.①P618.130.2

中国版本图书馆 CIP 数据核字（2022）第 171472 号

责任编辑：宋无汗 / 责任校对：崔向琳
责任印制：师艳茹 / 封面设计：陈 敬

科 学 出 版 社 出版

北京东黄城根北街 16 号
邮政编码：100717
http://www.sciencep.com

三河市春园印刷有限公司 印刷

科学出版社发行 各地新华书店经销

＊

2023 年 1 月第 一 版 开本：720×1000 1/16
2023 年 1 月第一次印刷 印张：15 3/4 插页：1
字数：318 000

定价：198.00 元

（如有印装质量问题，我社负责调换）

前　　言

国内致密砂岩储层资源较为丰富，目前在鄂尔多斯盆地三叠系延长组长 5 段和长 7 段、准噶尔盆地二叠系芦草沟组、四川盆地中侏罗统和下侏罗统、松辽盆地白垩系青山口组和泉头组等取得了一些重要的勘探发现，初步预测我国致密油地质资源总量为 $1.09×10^{10}$t，是我国未来较为现实的石油接替资源。2013 年美国原油产量的 36% 为致密油，以巴肯和鹰滩为代表的致密油开发已经成为新的经济增长点。2015 年巴肯致密油日产量已经突破 100 万桶，美国在非常规油气勘探和开发方面的重大突破，不仅改变了美国的能源消费结构，而且将对全球油气市场产生持续和深远的影响。当前，国内致密砂岩储层开发仍然面临着较大的技术难题，现场生产数据显示，致密油藏水平井体积压裂产能曲线呈"L"型递减规律：初期产能高，持续时间短，产量递减快，当产量降到一定程度后将稳产相当长的一段时间，如果采用"井网压裂+注水"方式开发，体积压裂造成复杂裂缝网络相互交错，裂缝间距较小的部位容易形成水流优势通道，导致水窜，影响生产。"缝网压裂+油水置换"方式是致密砂岩储层有效开发的一种新的尝试，储层致密性及储层流体物性差异为流体置换提供了条件，压裂液不仅是造缝携砂的载体，更是驱油置换的工具，对探究致密砂岩储层渗吸作用机制，致密砂岩储层评价及筛选，提高致密砂岩储层压裂液置换效率及单井产能都具有重要意义。

近年来，作者的科研团队在多个科研项目，特别是在长庆油田低渗透油气田勘探开发国家工程实验室项目的资助下，对致密砂岩储层渗吸采油理论及应用开展了一定的研究。本书第 1 章主要介绍渗吸技术概念、技术研究现状及未来发展趋势等。第 2 章主要分析长庆油田三个区块致密砂岩储层及流体特征，并给出了该类储层的分类标准。第 3 章以室内实验为主要研究手段，探究影响致密砂岩储层渗吸效果的主控因素。第 4 章和第 5 章结合核磁、岩心薄片观测等实验技术，探索渗吸置换微观机理，明确渗吸置换的基本渗流规律，阐明储层流体物性参数与渗吸置换之间的关系，建立考虑重力及毛管压力影响，包含渗吸和渗透压两种渗吸置换模式的机理模型，研究渗吸和驱替两者之间的差异。第 6 章主要基于室内实验及数值模拟方法给出压裂后返排制度优化方案。

本书由周德胜教授撰写并统稿，李欣儒老师参与第 1~3 章部分内容，任大忠老师参与第 3 章部分内容与第 4 章，刘雄老师负责第 5 章和第 6 章。中国石油天然气股份有限公司长庆油田分公司油气工艺技术研究院李宪文教授及其项目团队成员郭刚、李楷、刘锦等，以及作者的研究生李鸣、师煜涵、符洋、何泽轩、王海洋、严乐、范鑫、张洋、刘畅、接叶楠也对本书的科研成果与成稿做出贡献，对于他们的辛勤付出在此表示真诚的感谢。

　　此外，在撰写本书过程中得到了西安石油大学领导、专家的支持和帮助，获得了西安石油大学优秀学术著作出版基金，以及长庆油田低渗透油气田勘探开发国家工程实验室项目"致密砂岩储层压裂液渗吸机理研究及返排制度优化"（16YL1-FW-016），国家自然科学基金资助项目"致密砂岩储层压裂液渗吸滞留及解除水锁微观作用机制研究"（51804257）、"水力压裂裂缝轨迹可控性理论基础-非均质地层裂缝控制理论基础研究"（51934005）、"拉链式压裂中裂缝互作用与渗流力影响机理研究"（51874242）、"水包油型聚合物/纳米粒子复合微球的设计合成及其构效关系与调驱机理研究"（52104030）、"致密砂岩油藏成岩-烃类充注时序对微纳米孔隙结构的约束机制及石油充注孔喉下限研究"（41702146）、"微流控可控构建功能性微纳颗粒及其提高采收率机理研究"（52174028）和"微纳尺度油水界面离子调控机制及其微观渗流规律研究"（51904244）的资助，在此一并表示感谢。

　　本书主要是对致密砂岩储层渗吸采油理论及应用研究的一些认知，适用于石油院校、科研院所和企事业单位从事非常规油气开发的技术人员和科研人员。期待通过同行的共同努力，在非常规油气开发研究以及相关领域中不断取得新的成果。

　　由于作者水平有限，书中难免存在不足之处，欢迎各位读者批评指正。

目　录

彩图

第1章 绪 论

在我国，通常将覆压基质渗透率小于等于 0.1mD（$1D=0.986923\times10^{-2}\mathrm{m}^2$），孔隙度小于等于 10%的砂岩储层定义为致密砂岩储层[1]。这类储层多发育微纳米级孔喉，席状、弯片状孔喉连通性较差，较大的毛细管压力（简称"毛管压力"）为油水渗吸置换提供了不竭的动力。以渗吸的方式进行油气开发，最大化毛管压力的驱动力作用，是开发致密砂岩储层的重要手段。因此，本章首先对致密砂岩储层渗吸基本机理、渗吸影响因素和渗吸模型建立等方面予以介绍。

1.1 渗 吸 简 介

渗吸是指多孔介质中润湿相在毛管压力作用下将非润湿相驱替出来的过程，渗吸具有自发性，因此也称自发渗吸，简称自吸[2]。本书主要研究油、水两相的驱替过程，在亲水岩石中，水为润湿相，油为非润湿相，毛管压力为水驱油的动力，水优先进入较细小的基质孔喉，将原油从较大孔喉中驱替出来。

1）逆向渗吸

当润湿相的吸入方向与非润湿相的排出方向相反时，该渗吸过程称为逆向渗吸，此时流体的运动状态为对流[3]，如图 1-1（a）所示。一般地，当毛管压力作用大于浮力作用时，发生逆向渗吸。在低渗透地层中，油水流动阻力较大，毛管压力作用显著，因而多发生逆向渗吸。在逆向渗吸过程中，润湿相从小孔道 r_1 吸入，将非润湿相从大孔道 r_2 中驱出。假设孔喉为圆形毛管，则渗吸过程中的驱动力如式（1-1）所示：

$$\Delta p_{c1} = \frac{2\sigma\cos\theta}{r_1} - \frac{2\sigma\cos\theta}{r_2} \tag{1-1}$$

式中，Δp_{c1} 为毛管压力，Pa；σ 为界面张力，N/m；θ 为接触角，°；r_1 为小孔道半径，m；r_2 为大孔道半径，m。

2）同向渗吸

当润湿相的吸入方向与非润湿相的排出方向相同时，该渗吸过程称为同向渗吸，此时流体的运动状态为单向流[3]，如图 1-1（b）所示。一般裂缝性亲水中高渗透地层在渗吸中、后期，受浮力、毛管压力作用，水从底部吸入岩心，油从顶部流出，发生同向渗吸。通常，将饱和油的岩心放入水中，由于大小不同的孔隙中毛管压力差异较大，首先发生逆向渗吸，随着渗吸速度的逐渐降低，浮力成为渗吸的主导因素，同向渗吸逐渐占据主导地位。

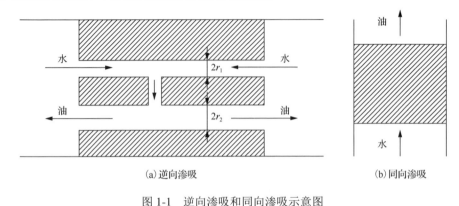

(a)逆向渗吸　　　　　　　　　　　(b)同向渗吸

图 1-1　逆向渗吸和同向渗吸示意图

1.2　致密砂岩储层渗吸研究现状及发展趋势

1.2.1　致密砂岩储层渗吸置换模式研究

在致密砂岩储层油水渗吸置换模式方面已有大量研究。在渗吸油水置换方面：Oen 等研究了裂缝性油藏裂缝与基质间的渗吸置换[4-7]；Morsy 等[8]研究了页岩储层的渗吸特征；Bertoncello 等[9]研究了非常规储层早期单井压裂返排过程中的自吸情况。在渗透压油水渗吸置换方面：Rangel 等主要研究了页岩储层渗透压渗吸置换特征[10-13]。其中，油水渗吸置换主要由毛管压力主导，包括逆向渗吸置换和同向渗吸置换，渗透压油水渗吸置换主要由浓度差引起的渗透压差主导，致密砂岩储层渗吸置换模式具体见表 1-1。

表 1-1　致密砂岩储层渗吸置换模式列表[14]

置换模式	示意图	置换特征及影响因素
逆向渗吸置换模式	水 油 G	(1) 油水置换发生在同一出口； (2) 主要作用力：毛细管渗吸； (3) 影响因素：油水两相渗透率、黏度、界面张力、接触角、孔隙喉道半径、重力等

置换模式	示意图	置换特征及影响因素
同向渗吸置换模式	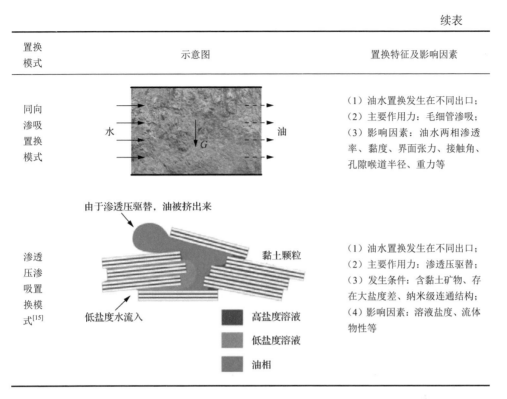	（1）油水置换发生在不同出口；（2）主要作用力：毛细管渗吸；（3）影响因素：油水两相渗透率、黏度、界面张力、接触角、孔隙喉道半径、重力等
渗透压渗吸置换模式[15]		（1）油水置换发生在不同出口；（2）主要作用力：渗透压驱替；（3）发生条件：含黏土矿物、存在大盐度差、纳米级连通结构；（4）影响因素：溶液盐度、流体物性等

虽然大部分关于致密砂岩储层油水渗吸置换的研究不考虑渗透压差的作用，但仍有部分文献指出水的矿化度是影响油水渗吸置换的因素之一。有研究表明，裂缝性致密砂岩储层提高原油采收率的有效方式是使用低矿化度盐水，部分文献给出的解释是低矿化度盐水改变了裂缝性致密砂岩储层的润湿性，增强了油水的渗吸置换作用，从而提高原油采收率。然而，目前关于油水渗透压置换模式仍有以下问题尚未解决：致密砂岩储层渗透压置换模式作用到底有多大；盐浓度对致密砂岩储层采收率的影响是否是因为其改变了储层的润湿性；渗透压置换是否只对于某些特定储层作用明显。

1.2.2 致密砂岩储层渗吸置换影响因素研究

大量研究表明，影响多孔介质渗吸作用的因素是多方面的。Mirzaei 等[16]利用 CT 扫描方法分析得出，岩石表面润湿性是影响油润湿裂缝岩心渗吸的主要因素，并提出可通过加入表面活性剂（surfactant）和使用低矿化度盐水等方法提高此类储层的采收率。Kathel 等[17]研究认为，影响致密油藏采收率的主控因素为岩石表面的润湿性，其次为盐浓度。另外，残余油饱和度也对致密砂岩储层的渗吸作用有一定影响。Chahardowli 等[18]研究了弱水湿及混合润湿岩心渗吸的影响因素，提出使用盐水可有效提高此类储层的采收率，实验结果表明一次采油的采收率可达石油地质储量（oil initially in place，OIIP）的 38%～46%。Habibi 等[19]认为，受储层非均质性影响，同一岩心中发生渗吸的位置是随机的，使用盐水可改变岩石润湿接触角，增加流体与岩石之间的亲近关系，从而提高渗吸采收率。Lan 等[20]探究了霍恩河盆地致密砂岩储层渗吸时水损失与岩石物性之间的关系，结果表明，总有机碳含量（total organic carbon，TOC）对致密砂岩储层渗吸作用有较大影响，TOC 越大，渗吸量越小。魏一兴[21]以苏里格致密砂岩气储层为研究对象，探究了温度对该致密砂岩储层渗吸作用的影响，室内岩心实验结果显示，高温下岩心的渗吸置换速率明显高于常温下岩心的渗吸置换速率，表明温度对岩心渗吸有明显的促进作用。梁涛等[22]针对巴肯致密油藏，采用灰色关联、信息量分析、设计正交实验等方法对单井产能影响参数做了分析，研究显示，原油黏度、裂缝参数、储层渗透率和地层压力对单井产能均有较大影响。韦青等[23]通过低温氮气吸附、高压压汞、Amott 法和渗吸-核磁联测等实验方法分析了影响致密砂岩储层渗吸采收率的主要因素。其中，储层品质、油水界面张力、最大连通孔喉半径、比表面等均对目标储层渗吸作用有较大影响。

综上所述，影响致密砂岩储层渗吸作用的因素可归为三类：①岩石的物理性质（非均质性、润湿性、渗透率等）；②储层流体的性质（黏度、矿化度、界面张力等）；③实验条件（温度、压力、边界条件等）。本书着重从以下方面研究渗吸作用的影响因素。

（1）非均质性的影响。多孔介质不同部位的渗透率系数等参数均有差异，高渗层与低渗层毛管压力不相等，产生毛管压力压差，使渗吸更容易发生。高陪[24]研究鄂尔多斯盆地致密砂岩气藏渗吸特征时发现，当储层岩石有较强非均质性时，岩心渗吸量大且有较快的渗吸速率。

（2）润湿性的影响。岩石润湿性决定毛管压力的方向，从而改变渗吸的方向。Morrow[25]研究润湿性对岩心渗吸作用的影响规律时发现，岩心从弱水湿到强水湿，其渗吸速度和采出程度相差较大，可达几个数量级。强水湿岩心中毛管压力为主要驱动力，渗吸作用较强，最终采收率较高。

（3）渗透率的影响。渗透率不相等的岩心渗吸速率也不同。张星[26]对低渗透砂岩油藏渗吸规律研究时发现：当岩心气测渗透率小于 50mD 时，同等条件下岩心渗透率越大，毛管压力的主导作用越弱，渗吸速率越小；当岩心气测渗透率大于 50mD 时，岩心渗吸速率随渗透率的增加而增大。

（4）岩心长度的影响。朱维耀等[27]选取了相同层位、相近渗透率的不同长度岩心开展渗吸实验，以研究岩心长度对渗吸规律的影响。实验结果表明，岩心长度对渗吸速率影响较大，长岩样的渗吸速率较短岩样的渗吸速率普遍偏小。

（5）岩性的影响。岩性是指反映岩石特征的一些属性，如颜色、成分、结构、胶结物及胶结类型、特殊矿物等。裴柏林等[28]研究了岩石矿物成分对渗吸规律的影响，研究发现，矿物成分成熟度低、结构成熟度低且经过强成岩作用的岩石渗吸作用被大大减弱，使该类储层原油采收率大幅降低。

（6）表面活性剂的影响。表面活性剂是指具有固定的亲水、亲油基团，在溶液的表面能定向排列，并使表面张力显著下降的物质。彭昱强等[29]进行低渗透砂岩渗吸研究时发现，表面活性剂可对岩心渗吸产生促进作用，加入表面活性剂的岩心渗吸较使用盐水的岩心渗吸的最终采收率可提高 1%～9%。

（7）裂缝的影响。裂缝系统具有低孔隙度、高渗透率、高导压能力和易流动等特点，因此裂缝中更容易发生渗吸。张红玲[30]研究发现，裂缝性油藏中裂缝密度是影响原油采出程度的主要因素，裂缝密度越大，渗吸作用越明显，原油采出程度越高。

（8）实验条件的影响。①边界条件，指渗吸过程中岩心与液体的接触方式。Babadagli 等[31]通过对比岩心端面使用环氧树脂密封前后渗吸速率的变化研究边界条件对渗吸规律的影响，实验结果显示，边界条件的差异对岩心渗吸速率有较大影响，端面未密封的岩心渗吸速率相对较快。②初始条件，指在渗吸前，岩石本身的润湿性及其内部结构中的油水分布状况等。蔡喜东等[32]研究了不同初始含水饱和度对渗吸规律的影响，实验发现，较小的初始含水饱和度对提高原油采收率很有利，初始含水饱和度越小，渗吸采出程度越大。

目前，国内外关于致密砂岩储层渗吸置换影响因素的研究成果主要基于室内实验分析，研究参数有限，且大多不考虑储层温度、压力影响，需要进一步开展系统深化研究。

1.2.3 致密砂岩储层渗吸置换机理及模型研究

致密砂岩储层渗吸置换机理研究主要是在室内实验的基础上得到的一些认识，大量室内实验结果分析表明：逆向渗吸过程是注入水在毛管压力作用下先进入小孔道，将原油从毗邻的大孔道驱出，从而实现油水置换；同向渗吸过程是同一端半径不等的喉道都吸水，驱替原油从另一端渗出，从而实现油水置换。物模实验和半解析模型是研究致密砂岩储层渗吸置换模型的主要方法，这些方法大多集中于低渗透储层、裂缝性储层和页岩气储层的研究，主要渗吸置换模型见表 1-2。

表 1-2 致密砂岩储层渗吸置换模型列表[14]

研究代表	研究对象	研究手段	研究特点
Fakcharoenphol 等[15]	页岩气储层	半解析模型	探索了渗透压对油水置换的作用
Zhou 等[33] Roychaudhuri 等[34]	页岩气储层	物模实验、数值模拟	研究各参数对渗吸的影响

研究代表	研究对象	研究手段	研究特点
王家禄等[35] 李士奎等[36] 魏铭江[37]	低渗透裂缝油藏	物模实验	探究了最佳驱替速度，对影响渗吸因素做了定性分析
蔡建超等[38,39]	低渗透油藏	半解析模型	基于分析几何，给出渗吸判别函数，分析各参数对渗吸的影响
计秉玉等[40]	裂缝性低渗透储层	半解析模型	水驱油模型，基于毛管压力曲线考虑渗吸作用
刘浪[41] 邓英尔等[42] 陈钟祥等[43]	双重孔隙 介质油水驱替	半解析模型	$Q(t) = R[1 - \exp(-\lambda t)]$，基于渗吸量与时间关系建立的模型

1.2.4 致密砂岩储层渗吸置换表征方法研究

1. 渗吸机理判别参数

1）N_B^{-1} 值

Schechter 等[44]曾用 N_B^{-1} 表示毛管压力、重力在渗吸驱替过程中的作用，其为 Bond 数的倒数，见式（1-2）：

$$N_B^{-1} = C\sigma \sqrt{10^{11} \frac{\phi}{K}} \frac{1}{\Delta\rho gH}$$ （1-2）

式中，σ 为油、水界面张力，N/m；ϕ 为多孔介质的孔隙度，%；K 为多孔介质的渗透率，m^2；$\Delta\rho$ 为油水密度差，kg/m^3；g 为重力加速度，m/s^2；H 为多孔介质的高度，m；C 为与多孔介质几何尺寸有关的常数，对圆形毛细管，C 为 0.4。

当 $N_B^{-1} > 5$ 时，毛管压力在渗吸过程中起主导作用，主要发生逆向渗吸；当 $N_B^{-1} < 0.2$ 时，重力在渗吸过程中起主导作用，主要发生同向渗吸；当界面张力中等且 N_B^{-1} 较小时，重力和毛管压力都很重要，二者均不可忽略。

式（1-2）未考虑润湿性对油水渗吸置换的影响，李继山[45]引入介质润湿性 $\cos\theta$ 项，对式（1-2）加以改进，得到式（1-3）：

$$N_B^{-1} = C \frac{2\sigma\cos\theta \sqrt{10^{13} \frac{\phi}{K}}}{H\Delta\rho g}$$ （1-3）

李继山认为，亲油岩心中 $N_B^{-1} < 0$，说明毛管压力方向与水的吸入方向相反，不发生渗吸；亲水岩心和中性岩心中 $N_B^{-1} \geq 0$，说明水能在岩心中发生逆向渗吸。

2）黏附因子

黏附功与岩石润湿接触角有关，表征将原油从岩石表面剥离所做的功[46]。考虑到表面活性剂一方面能降低油、水界面张力，另一方面能改变润湿接触角，因而引入黏附因子 E，见式（1-4）。黏附因子 E 表示表面活性剂对渗吸作用的影响程度，其值越小，油滴、油膜越容易从岩石表面脱离下来，渗吸效率越高。

$$E = \frac{\sigma_1}{\sigma_0} \cdot \frac{1-\cos\theta_1}{1-\cos\theta_0} \tag{1-4}$$

式中，σ_1 为表面活性剂溶液与原油的界面张力，N/m；σ_0 为初始条件下油、水的界面张力，N/m；θ_1 为表面活性剂在岩石表面的润湿接触角，°；θ_0 为初始条件下水在岩石表面的润湿接触角，°。

2. 渗吸表征方法

为了减少岩心形状和尺寸、流体黏度、界面张力、岩石孔隙度和渗透率及边界条件等对渗吸作用的影响，很多研究用不同方式对渗吸进行表征，下面简单介绍几种表征渗吸的方法[24]。

1）M-K 法

Mattax 和 Kyte[47]在 Buckley-Leverctt 方程的基础上提出了无因次时间的标度方程模型，把描述自发渗吸的无因次时间参数定义为

$$t_D = a_1 \frac{\sigma\sqrt{\dfrac{K}{\phi}}}{\mu_w L^2} t \tag{1-5}$$

式中，σ 为油、水界面张力，N/m；ϕ 为多孔介质的孔隙度，%；K 为多孔介质的渗透率，m^2；μ_w 为润湿相黏度，Pa·s；t 为渗吸时间，s；L 为岩心长度，m；a_1 为单位变换因子，其值为 3.16×10^{-4}。

式（1-5）满足[48,49]：①岩心样品必须具有统一的形状和边界条件；②可以忽略重力因素；③油水黏度比必须具有可重复性；④相对渗透率函数必须相同；⑤毛管压力函数必须与界面张力成正比；⑥初始液相分布必须具有可重复性。条件④~⑥意味着所用岩样湿润性必须相同，孔隙结构必须类似。

考虑到实际岩样形状和边界条件的影响，加之原来的无因次时间参数难以反映实际渗吸过程，又在原来的基础上提出用特征长度代替岩心长度，并考虑了非润湿相的黏度，更符合实际渗吸过程，见式（1-6）：

$$t_{Ma\text{-}Ky} = \frac{1}{L_c^2}\sqrt{\frac{K}{\phi}}\frac{\sigma}{\sqrt{\mu_w\mu_{nw}}}t \tag{1-6}$$

式中，L_c 为岩心特征长度，m；μ_{nw} 为非润湿相黏度，Pa·s。

2008 年，Fischer 等[50]对 Berea 油田砂岩岩心的渗吸研究中，在 t_{Ma-Ky} 基础上添加了 a、b 两个系数进行校正，其中 a 和 b 为任意常数，见式（1-7）：

$$t_{Fischer} = \frac{1}{L_c^2}\sqrt{\frac{K}{\phi}}\frac{ab\sigma}{\mu_w + b^2\mu_{nw}}t \tag{1-7}$$

2010 年，Mason 等[51]发现在一些自发渗吸模型中，如果油水两相的有效相对渗透率不依赖于油水两相的黏度比，则会使很多关联模型只适用于有限黏度比的自吸数据。通过研究自发渗吸受油水两相黏度比的影响规律，Mason 等建立了新的自发渗吸标度模型，并验证了该模型的准确性，见式（1-8）：

$$t_{Mason} = \frac{2}{L_c}\sqrt{\frac{K}{\phi}}\frac{\sigma}{\mu_w\left(1+\sqrt{\frac{\mu_{nw}}{\mu_w}}\right)}t \tag{1-8}$$

岩心特征长度计算方法为

$$L_c = \frac{DL}{2\sqrt{D^2 + 2L^2}} \tag{1-9}$$

式中，D 为岩心直径，m；L 为岩心长度，m。

2）Olafuyi 法

2007 年，Olafuyi 等[52]通过计算吸入液体体积与岩样孔隙体积的比值 R，对液体的吸入量进行归一化处理。R 与时间的平方根关系曲线能够很好地表征岩石的吸水能力，见式（1-10）：

$$R = \frac{V_{imb}}{\phi A_c L} = \sqrt{\frac{2p_c K S_{wf}}{\mu_w \phi L^2}}\sqrt{t} \tag{1-10}$$

式中，V_{imb} 为吸入液体体积，m³；p_c 为毛管压力，Pa；A_c 为吸水截面积，m²；S_{wf} 为前缘含水饱和度，%。

3）Makhanov 法

2012 年，Makhanov 等[53]建立了单位表面积吸水量与时间的平方根的变化曲线来表征渗吸实验数据，见式（1-11）：

$$\frac{V_{imb}}{A_c} = \sqrt{\frac{2p_c \phi K S_{wf}}{\mu_w}}\sqrt{t} \tag{1-11}$$

参 考 文 献

[1] 伏海蛟, 汤达祯, 许浩, 等. 致密砂岩储层特征及气藏成藏过程[J]. 断块油气田, 2012, 19(1): 47-50.

[2] 李传亮, 毛万义, 吴庭新, 等. 渗吸驱油的机理研究[J]. 新疆石油地质, 2019, 40(6): 687-694.

[3] 沈安琪. 致密油藏渗吸机理研究[D]. 大庆: 东北石油大学, 2017.

[4] OEN P M, ENGELL-JENSEN M, BARENDREGT A A. Skjold field, danish north sea: Early evaluations of oil recovery through water imbibition in a fractured reservoir[J]. SPE Reservoir Engineering, 1988, 3(1): 17-22.

[5] BABADAGLI T, ERSHAGHI I. Imbibition Assisted Two-Phase Flow in Natural Fractures[C]. SPE24044, SPE Western Regional Meeting, Bakersfield, California, 1992: 1-13.

[6] AL-LAWATI S, SALEH S. Oil Recovery in Fractured Oil Reservoirs by Low IFT Imbibition Process[C]. SPE36688, SPE Annual Technical Conference and Exhibition, Denver, Colorado, USA, 1996: 107-118.

[7] AKBARABADI M, SARAJI S, PIRI M, et al. Spontaneous Imbibition of Fracturing Fluid and Oil in Mudrock[C]. SPE178709, SPE Unconventional Resources Technology Conference, San Antonio, Texas, USA, 2015: 1-12.

[8] MORSY S, SHENG J J. Imbibition Characteristics of the Barnett Shale Formation[C]. SPE168984, SPE Unconventional Resources Conference, the Woodlands, Texas, USA, 2013: 1-8.

[9] BERTONCELLO A, WALLACE J, BLYTON C, et al. Imbibition and water blockage in unconventional reservoirs: Well management implications during flowback and early production[J]. SPE Reservoir Evaluation & Engineering, 2014, 17(4): 497-506.

[10] RANGEL E R, KOVSCEK A R. Matrix-Fracture Shape Factors and Multiphase-Flow Properties of Fractured Porous Media[C]. SPE95105, SPE Latin American and Caribbean Petroleum Engineering Conference, Rio de Janeiro, Brazil, 2004: 1-11.

[11] KURTOGLU B. Integrated Reservoir Characterization and Modeling in Support of Enhanced Oil Recovery for Bakken[D]. City Golden: Colorado School of Mines, 2013.

[12] OORT E V, AHMAD M, SPENCER R, et al. ROP Enhancement in Shales through Osmotic Processes[C]. SPE173138, SPE/IADC Drilling Conference and Exhibition, London, U.K., 2015: 1-12.

[13] LI X P, ABASS H, TEKLU T W, et al. A Shale Matrix Imbibition Model-Interplay between Capillary Pressure and Osmotic Pressure[C]. SPE181407, SPE Annual Technical Conference and Exhibition, Dubai, UAE, 2016: 1-17.

[14] 李鸣. 压裂液在长 7 储层中的渗吸作用研究[D]. 西安: 西安石油大学, 2018.

[15] FAKCHAROENPHOL P, KURTOGLU B, KAZEMI H, et al. The Effect of Osmotic Pressure on Improve Oil Recovery from Fractured Shale Formations[C]. SPE198998, SPE Unconventional Resources Conference, the Woodlands, Texas, USA, 2014: 1-12.

[16] MIRZAEI M, DICARLO D A, POPE G A. Visualization and Analysis of Surfactant Imbibition into Oil-Wet Fractured Core[C]. SPE166129, SPE Annual Technical Conference and Exhibition, New Orleans, 2013: 101-111.

[17] KATHEL P, MOHANTY K K. EOR in Tight Oil Reservoirs through Wettability Alteration[C]. SPE166281, SPE Annual Technical Conference and Exhibition, New Orleans, 2013: 1-15.

[18] CHAHARDOWLI M, FARAJZADEH R, MASALMEH S K, et al. A Novel Enhanced Oil Recovery Technology Using Dimethyl Ether/Brine: Spontaneous Imbibition in Sandstone and Carbonate Rocks[C]. SPE181340, SPE Annual Technical Conference and Exhibition, Dubai, UAE, 2015: 1-22.

[19] HABIBI A, BINAZADEH M, DEHGHANPOUR H, et al. Advances in understanding wettability of tight oil formations[J]. SPE Reservoir Evaluation & Engineering, 2016, 19(4): 583-603.

[20] LAN Q, GHANBARI E, DEHGHANPOUR H, et al. Water Loss Versus Soaking Time: Spontaneous Imbition in Tight Rocks[C]. SPE167713, SPE/EAGE European Unconventional Conference and Exhibition, Vienna, Austria, 2013: 1-12.

[21] 魏一兴. 苏里格致密砂岩气储层渗吸作用研究[D]. 西安: 西安石油大学, 2019.

[22] 梁涛, 常毓文, 郭晓飞, 等. 巴肯致密油藏单井产能参数影响程度排序[J]. 石油勘探与开发, 2013, 40(3): 357-362.

[23] 韦青, 李治平, 王香增, 等. 裂缝性致密砂岩储层渗吸机理及影响因素——以鄂尔多斯盆地吴起地区长8储层为例[J]. 油气地质与采收率, 2016, 23(4): 102-106.

[24] 高陪. 致密砂岩储层渗吸特征实验研究——以Y致密气藏和H致密油藏为例[D]. 西安: 西安石油大学, 2016.

[25] MORROW N. Evaluation of reservoir wettability and its effect on oil recovery-preface[J]. Journal of Petroleum Science and Engineering, 1998, 20(3-4): 107.

[26] 张星. 低渗透砂岩油藏渗吸规律研究[M]. 北京: 中国石化出版社, 2013.

[27] 朱维耀, 鞠岩, 赵明, 等. 低渗透裂缝性砂岩油藏多孔介质渗吸机理研究[J]. 石油学报, 2002, 23(6): 56-59.

[28] 裴柏林, 彭克宗, 黄爱斌. 一种吸渗曲线测定新方法[J]. 西南石油大学学报(自然科学版), 1994(4): 47-50.

[29] 彭昱强, 何顺利, 郭尚平, 等. 岩心渗透率对亲水砂岩渗吸的影响[J]. 东北石油大学学报, 2010, 34(4): 51-56, 126.

[30] 张红玲. 裂缝性油藏中的渗吸作用及其影响因素研究[J]. 油气地质与采收率, 1999, 6(2): 44-48.

[31] BABADAGLI T, AL-BEMANI A, BOUKADI F. Analysis of Capillary Imbition Recovery Considering the Simultaneous Effects of Gravity, Low IFT, and Boundary Conditions[C]. SPE57321, SPE Asia Pacific Improved Oil Recovery Conference, Kuala Lumpur, Malaysia, 1999: 1-9.

[32] 蔡喜东, 姚约东, 刘同敬, 等. 低渗透裂缝性油藏渗吸过程影响因素研究[J]. 中国科技论文在线, 2009, 4(11): 806-812.

[33] ZHOU Z, HOFFMAN T, BEARINGER D, et al. Experimental and Numerical Study on Spontaneous Imbition of Fracturing Fluids in Shale Gas Formation[C]. SPE171600, SPE/CSUR Unconventional Resources Conference, Calgary, Alberta, Canada, 2014: 1-13.

[34] ROYCHAUDHURI B, TSOTSIS T, JESSEN K. An Experimental Investigation of Spontaneous Imbition in Gas Shale[C]. SPE147652, SPE Annual Technical Conference and Exhibition, Denver, Colorado, USA, 2011: 1-11.

[35] 王家禄, 刘玉章, 陈茂谦, 等. 低渗透油藏裂缝动态渗吸机理实验研究[J]. 石油勘探与开发, 2009, 36(1): 86-90.

[36] 李士奎, 刘卫东, 张海琴, 等. 低渗透油藏自发渗吸驱油实验研究[J]. 石油学报, 2007, 28(2): 109-112.

[37] 魏铭江. 裂缝性油藏基质岩心自然渗吸实验研究[D]. 成都: 西南石油大学, 2015.

[38] 蔡建超, 郁伯铭. 多孔介质自发渗吸研究进展[J]. 力学进展, 2012, 42(6): 735-754.

[39] 蔡建超, 郭士礼, 游利军, 等. 裂缝-孔隙型双重介质油藏渗吸机理的分形分析[J]. 物理学报, 2013, 62(1): 228-232.

[40] 计秉玉, 陈剑, 周锡生, 等. 裂缝性低渗透油层渗吸作用的数学模型[J]. 清华大学学报(自然科学版), 2002, 42(6): 711-725.

[41] 刘浪. 裂缝性油藏渗吸开采数值模拟研究[D]. 成都: 西南石油大学, 2005.

[42] 邓英尔, 刘慈群, 王允诚. 考虑吸渗的双重介质中垂直裂缝井两相渗流[J]. 重庆大学学报(自然科学版), 2000, 23(s1): 86-89.

[43] 陈钟祥, 刘慈群. 双重孔隙介质中二相驱替理论[J]. 力学学报, 1980, 1980(2): 109-119.

[44] SCHECHTER D S, ZHOU D Q, JR F M. Capillary Imbibition and Gravity Segregation in Low IFT Systems[C]. SPE 22594, SPE Annual Technical Conference and Exhibition, Dallas, Texas, 1991: 71-81.

[45] 李继山. 表面活性剂体系对渗吸过程的影响[D]. 廊坊: 中国科学院研究生院(渗流流体力学研究所), 2006.

[46] 崔鹏兴, 刘双双, 党海龙. 低渗透油藏渗吸作用及其影响因素研究[J]. 非常规油气, 2017, 4(1): 66, 88-93.

[47] MATTAX C C, KYTE J R. Imbibition oil recovery from fractured, water-drive reservoir[J]. Society of Petroleum Engineers Journal, 1962, 2(2): 177-184.

[48] LI K, HORNE R N. Generalized scaling approach for spontaneous imbibition: An analytical model[J]. SPE Reservoir Evaluation & Engineering, 2006, 9(3): 251-258.

[49] MORROW N R, MASON G. Recovery of oil by spontaneous imbibition[J]. Current Opinion in Colloid & Interface Science, 2001, 6(4): 321-337.

[50] FISCHER H, WO S, MORROW N R. Modeling the effect of viscosity ratio on spontaneous imbibition[J]. SPE Reservoir Evaluation & Engineering, 2008, 11(3): 577-589.

[51] MASON G, FISCHER H, MORROW N R, et al. Correlation for the effect of fluid viscosities on counter-current spontaneous imbibition[J]. Journal of Petroleum Science and Engineering, 2010, 72(1-2): 195-205.

[52] OLAFUYI O A, CINAR Y, KNACKSTEDT M A, et al. Spontaneous Imbibition in Small Cores[C]. SPE10724, Asia Pacific Oil and Gas Conference and Exhibition, Jakarta, Indonesia, 2007: 1-10.

[53] MAKHANOV K, DEHGANPOUR H, KURU E. An Experimental Study of Spontaneous Imbibition in Horn River Shales[C]. SPE Canadian Unconventional Resources Conference, Calgary, Alberta, Canada, 2012: 1-14.

第2章　致密砂岩储层及流体特征

目前，我国石油与天然气对外依存度已分别高达72%与43%，而常规油气资源开发逐渐枯竭，故高效开发非常规油气资源尤其是致密油气势在必行。因为致密砂岩储层的孔隙度和渗透率极低、孔喉结构非常复杂[1]，所以借助渗吸法采油方式能够实现对该类储层的有效开采。渗吸法采油通常受到储层特性、地下流体特性等多种因素的影响，因此明确储层和流体性质，研究这些因素如何影响渗吸过程，对致密砂岩储层的大规模开发具有重要的指导意义。

本章主要针对长庆油田的三个致密砂岩储层区块，以室内实验为主要研究手段，分别对该地区的岩心进行岩样及流体物性测试、铸体薄片测试、扫描电镜测试、X射线衍射、界面张力测试、润湿性测试、毛管压力曲线测试、相对渗透率曲线测试等实验。基于测试结果对致密砂岩储层特征及流体性质进行分析研究，并建立研究区致密砂岩储层分类标准。

2.1　岩样及流体物性测试

实验所用岩心取自中石油长庆油田三个区块9口井，共计48块。将岩心清理、切割成柱状，并进行编号，取心现场如图2-1所示，取心结果如图2-2所示。

图 2-1　取心现场　　　　　　　　　　图 2-2　取心结果

2.1.1　岩心物性

实验所用岩心经过处理后，测得平均空气渗透率、孔隙度等参数，岩心基本物性参数的具体数据如表 2-1 所示。通过测试得到的实验结果可以看出，所用岩心的孔隙度范围在 2.00%～11.05%（平均孔隙度为 5.77%），平均空气渗透率范围在 0.0115～2.8079mD（平均空气渗透率为 0.1620mD），孔隙度低，储层致密。各区块渗透率与孔隙度分布情况如图 2-3 所示。

表 2-1　岩心基本物性参数

区块	编号	井名	深度/m	地区	岩心长度/cm	岩心直径/cm	干重/g	孔隙度/%	平均空气渗透率/mD
	1	庄 164	1671.8	合水	3.358	2.514	52.83	9.61	0.313
	2	庄 164	1673.25	合水	3.364	2.516	52.23	8.48	0.144
	3	庄 164	1680.5	合水	3.302	2.530	53.90	3.26	0.067
	4	庄 164	1683.1	合水	3.480	2.540	58.18	3.53	0.041
	5	庄 164	1688.9	合水	3.328	2.520	51.63	8.06	0.181
	6	庄 25	1642.1	合水	3.330	2.500	53.45	4.98	0.029
	7	庄 25	1734.2	合水	3.506	2.520	55.91	3.04	0.0115
庄 183	8	庄 25	1734.6	合水	3.352	2.514	53.52	3.87	0.0762
	9	庄 25	1736.24	合水	3.380	2.532	54.35	6.39	0.084
	10	庄 25	1736.24	合水	3.354	2.518	53.18	2.00	0.057
	11	庄 188	1830.4	合水	3.504	2.510	54.40	5.57	0.0926
	12	庄 188	1833.6	合水	3.424	2.506	51.88	6.75	0.0778
	13	庄 188	1834.5	合水	3.428	2.518	53.54	4.24	0.0571
	14	庄 188	1836.8	合水	3.462	2.510	52.70	6.54	0.174
	15	庄 188	1840.12	合水	3.260	2.510	51.93	9.61	0.0871
	16	庄 188	1840.12	合水	3.268	2.530	51.86	8.09	0.0701
	17	安 97	2149.26	定边	3.322	2.528	54.01	3.17	0.042
	18	安 97	2149.76	定边	3.340	2.532	54.00	5.10	0.054
	19	安 97	2152.78	定边	3.286	2.520	53.25	3.27	0.028
	20	安 97	2153.6	定边	3.252	2.524	52.00	3.11	0.0468
	21	安 97	2155	定边	3.420	2.508	53.75	3.14	0.0598
	22	安 97	2135.75	定边	3.478	2.522	58.11	3.40	0.039
安 83	23	安 72	2402.7	姬塬	3.410	2.512	53.76	5.47	0.0896
	24	安 72	2402.7	姬塬	3.258	2.518	52.33	4.55	0.0792
	25	安 72	2410	姬塬	3.406	2.520	50.54	10.28	0.2842
	26	安 72	2410	姬塬	3.306	2.520	50.24	8.69	0.1991
	27	安 72	2414	姬塬	3.330	2.522	53.21	5.04	0.0899
	28	安 72	2415	姬塬	3.386	2.518	50.36	11.05	0.2513

续表

区块	编号	井名	深度/m	地区	岩心长度/cm	岩心直径/cm	干重/g	孔隙度/%	平均空气渗透率/mD
安83	29	安72	2424	姬塬	3.394	2.518	54.88	3.21	0.053
	30	安46	2458.7	定边	3.276	2.514	55.41	3.23	0.0453
	31	安46	2458.7	定边	3.420	2.520	58.25	4.55	0.062
	32	安46	2457.1	定边	3.358	2.506	54.44	0.67	2.8079
	33	安46	2460.1	定边	3.320	2.520	53.65	3.05	0.0424
	34	安46	2464.3	定边	3.392	2.530	54.86	6.28	0.0373
西233	35	西217	2031.5	庆城	3.378	2.500	53.24	6.74	0.1448
	36	西217	2034.18	庆城	3.386	2.500	52.34	4.71	0.075
	37	西217	2036.18	庆城	3.510	2.516	53.94	4.38	0.0871
	39	西217	2043.81	庆城	3.342	2.514	52.40	9.28	0.287
	40	西213	2072.5	陇东	3.260	2.514	50.37	4.89	0.0789
	41	西213	2073.4	陇东	3.208	2.510	49.80	8.53	0.189
	42	西213	2083	陇东	3.328	2.514	53.47	5.88	0.145
	43	西213	2087	陇东	3.230	2.510	50.36	6.99	0.1293
	44	西213	2089.2	陇东	3.384	2.518	53.81	3.18	0.0511
	45	里49	2191	华池	3.342	2.510	49.49	10.86	0.3871
	46	里49	2194	华池	3.312	2.514	50.74	8.16	0.1366
	47	里49	2197	华池	3.436	2.516	50.33	9.49	0.3264
	48	里49	2204	华池	3.372	2.514	55.14	3.30	0.0385
	49	里49	2207	华池	3.424	2.522	53.75	4.30	0.059

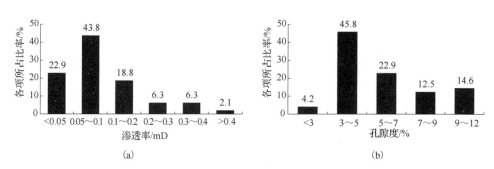

图 2-3　渗透率与孔隙度分布情况

由图 2-4 的孔隙度与渗透率的拟合关系可以看出：各区块孔隙度与渗透率的拟合程度均较高，并且安 83 区块和西 233 区块拟合程度要高于庄 183 区块，随着渗透率的增大，孔隙度也越来越大，两者之间呈对数正相关。

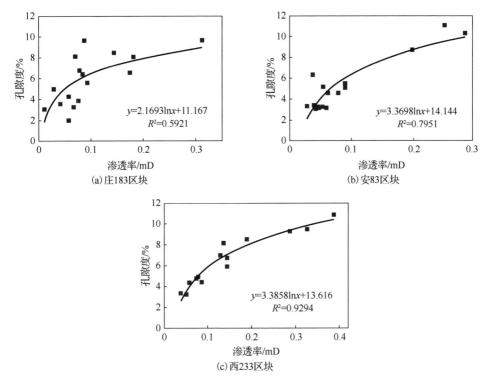

图 2-4　孔隙度与渗透率的拟合关系

2.1.2　地层水物性

地层水是油层水（与油同层）和外部水（与油不同层）的总称。地层水长期与岩石和地层油接触，含有大量的无机盐，其中包含以 Na^+、K^+、Ca^{2+} 和 Mg^{2+} 为代表的阳离子以及以 Cl^-、CO_3^{2-}、SO_4^{2-} 和 HCO_3^- 为代表的阴离子。

矿化度是指水中矿物盐的质量浓度，通常用 mg/L 表示。地层水的总矿化度表示水中正、负离子的总和。由于不同油藏的地层水矿化度差别很大，假定预配置模拟地层水中各离子矿化度分别为 HCO_3^- 139mg/L、Cl^- 15194mg/L、SO_4^{2-} 267mg/L、Ca^{2+} 1222mg/L、Mg^{2+} 122mg/L、Na^+ 4167mg/L 和 K^+ 3889mg/L。预配置这样的地层水 2L，并要求总矿化度达到 25000mg/L。通过计算可知，共需要 30.43gNaCl、0.79gNa_2SO_4、0.38gNaHCO_3、6.77gCaCl_2、2.04gMgCl_2·6H_2O 和 14.50gKCl。

预配置模拟地层水的组成与实验所用地层水中各化合物含量如图 2-5 实验所用地层水配方所示。

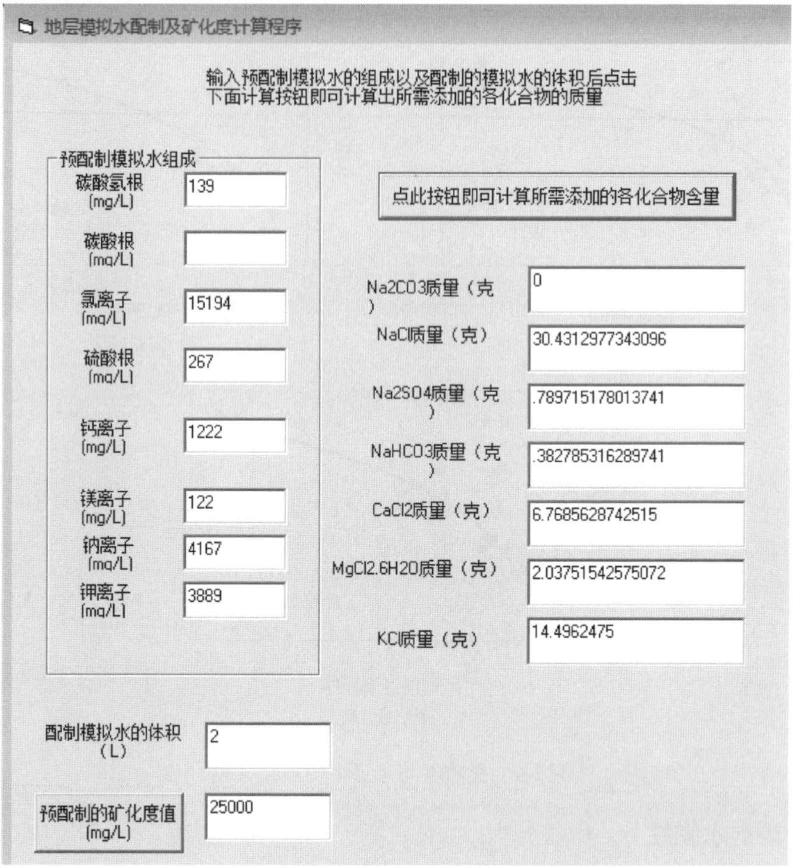

图 2-5　实验所用地层水配方

2.2　铸体薄片测量矿物成分

2.2.1　岩心铸体薄片测试

铸体薄片技术是保护油气层的岩相学分析三大常规技术之一，也是最基础的一项分析。该技术原理如下：首先将渗有颜料的低黏度环氧树脂、铸入剂和染色剂，在一定温度和压力下灌注到岩石孔隙空间中；其次利用环氧树脂与固化剂发生的固化反应使液态胶固结，并使线性环氧树脂交联成网状结构的巨大分子成为坚硬的固态环氧树脂；再次通过磨片、黏片等程序完成铸体薄片的制作[2]；最后应用光学显微镜观察制作完成的铸体薄片。

通过铸体薄片测试，可以更加清晰地了解岩心的粒度大小、主要粒径范围、粒间填隙物含量及类型，并观察岩石的胶结类型、矿物组成、孔隙空间、孔隙结构、发育程度等。利用铸体图像分析系统，可以完成岩石的粒级、粒径的自动统计，计算出每组颗粒占总颗粒的百分频率以及颗粒参数值（粒径区间、平均值、分选系数、偏度、尖度等），从而为油田开发提供准确的数据[2]。

本小节分别对合水、定边、姬塬、庆城、陇东和华池六个地区不同井、不同深度处的岩心进行铸体薄片测试。各地区岩心铸体薄片测试描述如表 2-2～表 2-7所示。

表 2-2　合水地区岩心铸体薄片测试描述

井名	编号	深度/m	铸体薄片	薄片描述
	1	1671.8		黑云母呈平行层面分布状态，泥铁矿化，硅质含量增加，充填铁白云石及少量碳酸盐；细鳞片状伊利石充填并吸附有机质，发育零星溶蚀孔
庄 164	2	1673.25		黑云母呈平行层面分布状态，泥铁矿化，硅质含量增加，充填铁白云石及碳酸盐；细鳞片状伊利石充填并吸附有机质，发育零星溶蚀孔
	3	1680.5		黑云母平行层面分布而成，泥铁矿化，有机质充填至层间缝，硅质含量增加，充填铁白云石以及铁方解石；细鳞片状伊利石充填并吸附有机质，发育零星溶蚀孔

井名	编号	深度/m	铸体薄片	薄片描述
庄 164	4	1683.1		铁方解石充填孔隙致密胶结
	5	1688.9		铁方解石及铁白云石胶结，发育孤立的长石溶蚀孔及少量粒间孔
庄 25	6	1642.1		纹层发育，泥质结构，黑云母平行层面分布而成，伊利石为主，少量碳酸盐胶结，零星溶蚀孔分布，偶有裂缝
	7	1734.2		片状黑云母呈层面分布状态，泥铁矿化；有机质充填至层间缝，硅质含量增加，由铁白云石及铁方解石充填；细鳞片状伊利石充填并吸附有机质，发育零星溶蚀孔及少量裂缝

井名	编号	深度/m	铸体薄片	薄片描述
	8	1734.6		层理发育，层面上云母等富集；云母以黑云母为主，轻微水化；层间缝中充填有机质；发育零星溶蚀孔及裂缝
庄 25	9	1736.24		少量云母水化，泥铁矿化，层间缝充填有机质，铁方解石连晶及少量铁白云石充填孔隙，细鳞片状伊利石充填并吸附有机质，硅质含量增加，发育零星溶蚀孔
	10	1736.24		少量云母水化，泥铁矿化，有机质充填至层间缝，充填铁方解石连晶及少量铁白云石，细鳞片状伊利石充填并吸附有机质，硅质含量增加，发育零星溶蚀孔
庄 188	11	1830.4		灰岩岩屑及铁方解石、铁白云石充填孔隙，少量溶蚀孔

井名	编号	深度/m	铸体薄片	薄片描述
	12	1833.6		少量碳酸盐胶结，硅质含量增加，发育长石溶蚀孔
	13	1834.5		泥铁矿化程度大，少量碳酸盐充填孔隙，伊利石吸附有机质，孔隙损失殆尽
庄188	14	1836.8		碳酸盐充填孔隙，长石加大边，泥质吸附有机质，零星粒间残余孔隙、溶蚀孔
	15	1840.12		铁方解石连晶状充填孔隙，伊利石吸附有机质，少量溶蚀孔

井名	编号	深度/m	铸体薄片	薄片描述
庄 188	16	1840.12		铁方解石连晶状充填孔隙，交代碎屑，部分为灰岩岩屑的加大边；长石的钠长石加大边及硅质含量增加使颗粒局部镶嵌状接触

表 2-3　定边地区岩心铸体薄片测试描述

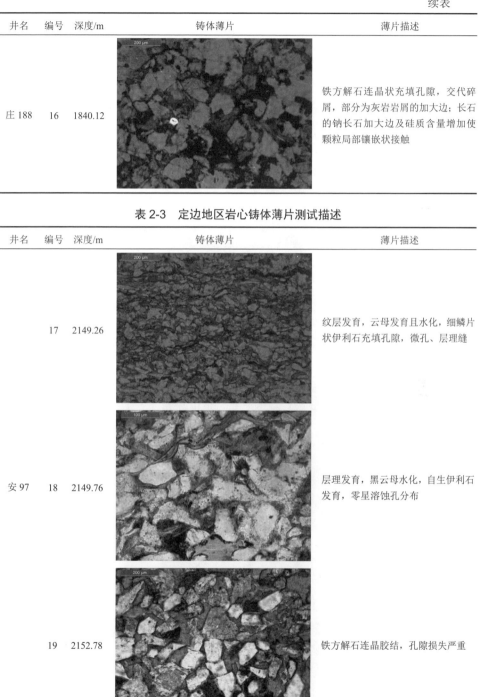

井名	编号	深度/m	铸体薄片	薄片描述
	17	2149.26		纹层发育，云母发育且水化，细鳞片状伊利石充填孔隙，微孔、层理缝
安 97	18	2149.76		层理发育，黑云母水化，自生伊利石发育，零星溶蚀孔分布
	19	2152.78		铁方解石连晶胶结，孔隙损失严重

井名	编号	深度/m	铸体薄片	薄片描述
	20	2153.6		高岭石、硅质含量增加，偶见绿泥石膜，少量粒间孔和溶蚀孔分布
安 97	21	2155		绿泥石膜、高岭石、硅质含量增加，铁方解石连晶状充填孔隙，长石溶蚀孔孤立分布
	22	2135.75		铁方解石连晶状充填孔隙，黑云母发育且水化，孔隙损失殆尽
安 46	30	2458.7		碳酸盐连晶胶结，层面上云母富集且水化，孔隙损失严重

井名	编号	深度/m	铸体薄片	薄片描述
安 46	31	2458.7		铁方解石泥晶结构，吸附有机质、高岭石，孔隙损失严重，偶有裂缝
	32	2456.1		纹理发育，黑云母为主要矿物成分，轻微水化；层间缝中充填有机质，孔隙损失殆尽
	33	2460.1		铁方解石连晶状充填孔隙，高岭石团块状充填孔隙，部分长石蚀变，孔隙损失殆尽
	34	2464.3		发育大量纹理，黑云母为主要矿物成分，水化程度不严重；有机质大量充填至层间缝中，孔隙损失大

表 2-4　姬塬地区岩心铸体薄片测试描述

井名	编号	深度/m	铸体薄片	薄片描述
安 72	23	2402.7		铁方解石连晶状充填孔隙，黑云母发育且水化，层间缝中充填有机质，微孔
	24	2402.7		铁方解石连晶状充填孔隙，黑云母发育且水化，黏土吸附有机质，长石溶蚀孔孤立分布
	25	2410		绿泥石膜和少量碳酸盐胶结，绿泥石吸附有机质，发育少量粒间孔和长石溶蚀孔
	26	2410		绿泥石膜和少量碳酸盐胶结，有机质吸附至绿泥石表面，发育粒间孔和少量长石溶蚀孔

井名	编号	深度/m	铸体薄片	薄片描述
	27	2414		层理发育，以黑云母为主、水化，充填自生伊利石，有机质充填至层间缝，孔隙损失严重
安 72	28	2415		云母定向发育，斑状伊利石、高岭石假晶、绿泥石呈薄膜状、黏土吸附有机质，发育粒间孔和少量长石溶蚀孔
	29	2424		铁方解石连晶状胶结，孔隙损失殆尽

表 2-5　庆城地区岩心铸体薄片测试描述

井名	编号	深度/m	铸体薄片	薄片描述
西 217	35	2031.5		泥铁矿化，伊利石吸附有机质，硅质含量增加，铁白云石充填孔隙，溶蚀孔孤立分布

井名	编号	深度/m	铸体薄片	薄片描述
西217	36	2034.18		泥铁矿化,有机质吸附至伊利石表面,硅质含量增加,铁白云石充填孔隙,溶蚀孔孤立分布
	37	2036.18		硅质含量增加及长石的钠长石加大边使颗粒局部镶嵌状接触,伊利石吸附有机质,铁白云石充填孔隙,长石等溶蚀孔孤立分布
	39	2043.81		富含大量硅质,泥铁矿化,伊利石表面吸附有机质,充填少量铁方解石和铁白云石,溶蚀孔呈零星分布状态

表2-6 陇东地区岩心铸体薄片测试描述

井名	编号	深度/m	铸体薄片	薄片描述
西213	40	2072.5		硅质含量增加及长石的纳石加大边使颗粒局部呈镶嵌状接触,有机质吸附至伊利石表面,由铁方解石和铁白云石充填而成,发育孤立分布的长石溶蚀孔

井名	编号	深度/m	铸体薄片	薄片描述
西 213	41	2073.4		黑云母泥铁矿化，硅质含量增加，伊利石吸附有机质，少量铁方解石和铁白云石充填孔隙，零星溶蚀孔分布
	42	2083		黑云母泥铁矿化，硅质含量增加，伊利石表面吸附有机质，充填少量的铁方解石和铁白云石，发育零星分布的溶蚀孔
	43	2087		硅质含量增加，泥铁矿化，有机质吸附至伊利石表面，少量的粒间孔与长石溶蚀孔呈孤立分布状态
	44	2089.2		以少量黑云母矿物为主，泥铁矿化，硅质含量增加，伊利石吸附有机质，充填铁方解石和少量铁白云石，孔隙损失严重

表 2-7 华池地区岩心铸体薄片测试描述

井名	编号	深度/m	铸体薄片	薄片描述
里 49	45	2191		绿泥石呈薄膜状吸附有机质,铁方解石斑状充填孔隙,发育粒间孔及部分长石溶蚀孔
	46	2194		绿泥石呈薄膜状吸附有机质,铁方解石连晶状胶结,偶见孤立分布的粒间孔及长石溶蚀孔
	47	2197		绿泥石呈薄膜状吸附有机质,发育粒间孔及部分长石溶蚀孔
	48	2204		层理发育,云母富集,轻微水化,黄铁矿呈结核状分布,层间缝中充填有机质,孔隙损失殆尽

续表

井名	编号	深度/m	铸体薄片	薄片描述
里 49	49	2207		层理发育，黑云母发育，轻微水化，层间缝中充填有机质，零星分布溶蚀孔

2.2.2　测试结果统计及分析

根据 2.2.1 小节对各地区所取的岩心进行铸体薄片测试，得出的岩心铸体薄片测试结果如表 2-8 所示。

表 2-8　岩心铸体薄片测试结果

编号	井名	地区	孔隙度/%	平均空气渗透率/mD	石英类含量/%	长石含量/%	总岩屑含量/%	碳酸盐类填隙物含量/%	粒间孔含量/%	总溶蚀孔含量/%	总面孔率/%	平均孔径/μm	最大粒径/mm	主要粒径/mm
1号	庄164	合水	9.61	0.313	48.5	25	16	2	0	0	0	0	0.3	0.1~0.3
2号	庄164	合水	8.48	0.144	49	24	18	2.5	0	0	0	0	0.25	0.1~0.25
3号	庄164	合水	3.26	0.067	43	20.5	21	5	0	0	0	0	0.2	0.06~0.2
4号	庄164	合水	3.53	0.0413	38	15	15	32	0	0	0	0	0.25	0.1~0.25
5号	庄164	合水	8.06	0.181	49	23	19.5	3	0	2	2	15	0.25	0.1~0.25
6号	庄25	合水	4.98	0.0289	13	3	11	0	0	0	0	0	0.25	0.1~0.25
7号	庄25	合水	3.04	0.0115	43.5	23.5	21.5	2	0	0	0	0	0.2	0.06~0.18
8号	庄25	合水	3.87	0.0762	23	51	22	0	0	0	0	0	0.15	0.06~0.12
9号	庄25	合水	6.39	0.084	43	24.5	25	2	0	0	0	0	0.2	0.1~0.2

编号	井名	地区	孔隙度/%	平均空气渗透率/mD	石英类含量/%	长石含量/%	总岩屑含量/%	碳酸盐类填隙物含量/%	粒间孔含量/%	总溶蚀孔含量/%	总面孔率/%	平均孔径/μm	最大粒径/mm	主要粒径/mm
10号	庄25	合水	2.00	0.057	43	24	22	6	0	0	0	0	0.2	0.1~0.2
11号	庄188	合水	5.57	0.0926	49	25	12	4	0	0	0	0	0.3	0.1~0.3
12号	庄188	合水	6.75	0.0778	52	23.5	12.5	3	0	1.3	1.3	10	0.3	0.1~0.3
13号	庄188	合水	4.24	0.0571	42	22.5	19	3	0	0	0	0	0.18	0.06~0.18
14号	庄188	合水	6.54	0.174	51.5	23.5	13	2	0	0.9	0.9	10	0.25	0.1~0.25
15号	庄188	合水	9.61	0.0871	45	19	18	15	0	0	0	0	0.25	0.1~0.25
16号	庄188	合水	8.09	0.0701	42	22	13	14	0	0	0	0	0.25	0.09~0.25
17号	安97	定边	3.17	0.042	23	45.5	18	0.5	0	0	0	0	0.1	0.03~0.1
18号	安97	定边	5.10	0.054	23	46	25.5	0.5	0	0	0	0	0.12	0.03~0.12
19号	安97	定边	3.27	0.028	17	32	3	48	0	0	0	0	0.25	0.1~0.25
20号	安97	定边	3.11	0.0468	22	55	12	2	0.5	1.8	2.3	15	0.2	0.06~0.2
21号	安97	定边	3.14	0.0598	21	50	14	9	0.1	1	1.1	11	0.4	0.18~0.4
22号	安97	定边	3.40	0.039	15	30	15	40	0	0	0	0	0.25	0.12~0.25
23号	安72	姬塬	5.47	0.0896	22	38	14	25	0	0	0	0	0.25	0.12~0.25
24号	安72	姬塬	4.55	0.0792	24	52	13	3	0	0.8	0.8	5	0.25	0.1~0.25
25号	安72	姬塬	10.28	0.2842	22	54	11	0	2	2.3	2.3	5	0.15	0.06~0.15
26号	安72	姬塬	8.69	0.1991	22	55	14	2	2.1	0.5	2.6	15	0.25	0.12~0.25
27号	安72	姬塬	5.04	0.0899	23	49.5	18	0.5	0	0	0	0	0.25	0.12~0.25
28号	安72	姬塬	11.05	0.2513	25	53	14	1	3.4	1.3	4.7	28	0.4	0.14~0.4

续表

编号	井名	地区	孔隙度/%	平均空气渗透率/mD	石英类含量/%	长石含量/%	总岩屑含量/%	碳酸盐类填隙物含量/%	粒间孔含量/%	总溶蚀孔含量/%	总面孔率/%	平均孔径/μm	最大粒径/mm	主要粒径/mm
29号	安72	姬塬	3.21	0.053	18	30	7	45	0	0	0	0	0.25	0.12~0.25
30号	安46	定边	3.23	0.0453	13	15	13	59	0	0	0	0	0.2	0.1~0.2
31号	安46	定边	4.55	0.062	10	16	11	63	0	0	0	0	0.2	0.08~0.2
32号	安46	定边	4.67	2.8079	21	44	23	0	0	0	0	0	0.1	0.03~0.07
33号	安46	定边	3.05	0.0424	24	35	10	26	0	0	0	0	0.25	0.12~0.2
34号	安46	定边	6.28	0.0373	22	39	28	0	0	0	0	0	0.1	0.03~0.07
35号	西217	庆城	6.74	0.1448	47	23	22	3	0	1	1	5	0.25	0.1~0.25
36号	西217	庆城	4.71	0.075	46	24	19	4	0	0.4	0.4	5	0.25	0.1~0.25
37号	西217	庆城	4.38	0.0871	47	20	23	1.5	0	1	1	10	0.3	0.12~0.25
39号	西217	庆城	9.28	0.287	44	23	22	4	0	0.4	0.4	5	0.25	0.1~0.25
40号	西213	陇东	4.89	0.0789	43.5	20	23	2.5	0	1.2	1.2	10	0.25	0.08~0.25
41号	西213	陇东	8.53	0.189	44	25	19	3	0	0	0	0	0.25	0.1~0.25
42号	西213	陇东	5.88	0.145	47	23	17	2	0	0	0	0	0.25	0.1~0.25
43号	西213	陇东	6.99	0.1293	44.5	24	19.5	3	0.1	0.4	0.5	5	0.25	0.1~0.25
44号	西213	陇东	3.18	0.0511	45	23	19	2	0	0	0	5	0.25	0.1~0.25
45号	里49	华池	10.86	0.3871	41	34	20	1	2.4	0.8	3.2	20	0.4	0.18~0.4
46号	里49	华池	8.16	0.1366	33	35	17	12	0.5	0	0.5	10	0.5	0.2~0.5
47号	里49	华池	9.49	0.3264	39	36	16	1	3.2	0.5	3.7	25	0.35	0.14~0.35
48号	里49	华池	3.30	0.0385	20	53	23	0	0	0	0	0	0.15	0.06~0.12

编号	井名	地区	孔隙度/%	平均空气渗透率/mD	石英类含量/%	长石含量/%	总岩屑含量/%	碳酸盐类填隙物含量/%	粒间孔含量/%	总溶蚀孔含量/%	总面孔率/%	平均孔径/μm	最大粒径/mm	主要粒径/mm
49号	里49	华池	4.30	0.059	16	53	24	0	0	0	0	0	0.15	0.06~0.12

　　由表 2-8 的岩心铸体薄片测试结果可以得出实验所用的岩心中，石英类含量的范围为 10%～52%，长石含量的范围为 3%～55%，总岩屑含量的范围为 3%～28%、填隙物主要为碳酸盐类填隙物含量的范围为 0%～63%。粒间孔与溶蚀孔不发育，只有少数岩心存在粒间孔与溶蚀孔。总体来说，岩心非常致密，孔隙结构非常复杂。

　　由以上数据得到岩石的三角分类图如图 2-6 所示，可以看出，实验所用岩心大部分处于Ⅳ区与Ⅴ区中。

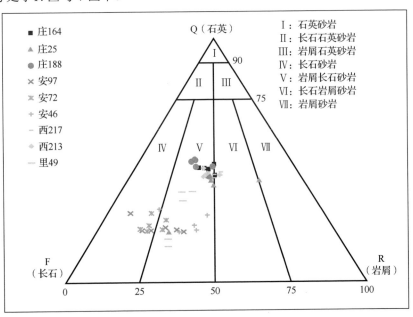

图 2-6　岩石的三角分类图

2.3　扫描电镜观察孔喉结构

2.3.1　岩心扫描电镜测试

　　岩心扫描电镜分析技术可以对黏土矿物的产状进行直观的分析，是岩心分析的重要研究手段。其原理是通过发射极狭窄的电子束对所研究样品的表面进行扫射，对产生的二次电子信息进行处理，最终获得样品表面的放大成像[3]。

扫描电镜技术主要是对孔隙结构和黏土矿物进行分析，通过扫描电镜不仅能够观察孔喉的形态、直径以及与孔隙的联通关系，还能分析黏土矿物的产状和类型。该技术具有制样方便、分析快速的优点。

本小节分别对合水、定边、姬塬、庆城、陇东和华池六个地区内一些井取不同深度处的岩心进行扫描电镜测试，各地区岩心扫描电镜测试描述如表 2-9～表 2-14所示。

表 2-9　合水地区岩心扫描电镜测试描述

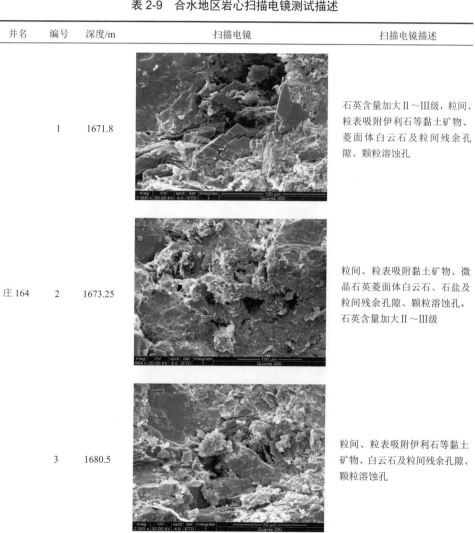

井名	编号	深度/m	扫描电镜	扫描电镜描述
庄 164	1	1671.8		石英含量加大Ⅱ～Ⅲ级，粒间、粒表吸附伊利石等黏土矿物、菱面体白云石及粒间残余孔隙、颗粒溶蚀孔
	2	1673.25		粒间、粒表吸附黏土矿物、微晶石英菱面体白云石、石盐及粒间残余孔隙、颗粒溶蚀孔，石英含量加大Ⅱ～Ⅲ级
	3	1680.5		粒间、粒表吸附伊利石等黏土矿物、白云石及粒间残余孔隙、颗粒溶蚀孔

井名	编号	深度/m	扫描电镜	扫描电镜描述
庄 164	4	1683.1		粒间、粒表吸附伊利石、伊蒙混层等黏土矿物、碳酸盐、微孔及零星溶蚀孔
	5	1688.9		石英含量加大Ⅲ级，粒间、粒表吸附伊利石、伊蒙混层等黏土矿物、碳酸盐及粒间残余孔隙
庄 25	6	1642.1		粒间吸附伊利石等黏土矿物、菱面体白云石填隙物及粒间残余孔隙，偶有裂缝
	7	1734.2		孔隙发育差，孔隙类型以粒间残余孔隙为主，少量裂缝发育，成岩自生矿物由伊利石等黏土矿物及碳酸盐组成，呈孔隙充填及衬垫式产出，石英含量加大Ⅱ～Ⅲ级

井名	编号	深度/m	扫描电镜	扫描电镜描述
	8	1734.6		成岩自生矿物由伊利石等黏土矿物及碳酸盐组成，呈孔隙充填及衬垫式产出，见石盐，零星粒间孔隙、溶蚀孔及裂缝
庄25	9	1736.24		石英含量加大Ⅱ～Ⅲ级。成岩自生矿物由伊利石等黏土矿物及碳酸盐组成，呈孔隙充填及衬垫式产出，零星粒间孔隙、溶蚀孔及裂缝
	10	1736.24		石英含量加大Ⅱ～Ⅲ级，粒间吸附伊利石等黏土矿物、菱面体白云石、石盐填隙物、零星粒间孔隙、溶蚀孔
庄188	11	1830.4		粒间、粒表吸附伊利石、伊蒙混层等黏土矿物、碳酸盐及零星溶蚀孔、零星粒间孔隙，偶有裂缝

井名	编号	深度/m	扫描电镜	扫描电镜描述
	12	1833.6		粒间、粒表吸附伊利石、伊蒙混层等黏土矿物、菱面体碳酸盐、微晶石英及粒间残余孔隙、颗粒溶蚀孔
	13	1834.5		成岩自生矿物由粒间残余孔隙、伊利石等黏土矿物及碳酸盐组成
庄188	14	1836.8		粒间、粒表吸附伊利石、伊蒙混层黏土矿物、微晶石英、有机质残片，发育零星粒间残余孔隙、溶蚀孔
	15	1840.12		发育零星粒间孔隙及溶蚀孔，粒间及粒表吸附黏土矿物、碳酸盐

续表

井名	编号	深度/m	扫描电镜	扫描电镜描述
庄 188	16	1840.12		伊利石、伊蒙混层黏土矿物、碳酸盐充填，微孔、溶蚀孔

表 2-10   定边地区岩心扫描电镜测试描述

井名	编号	深度/m	扫描电镜	扫描电镜描述
	17	2149.26	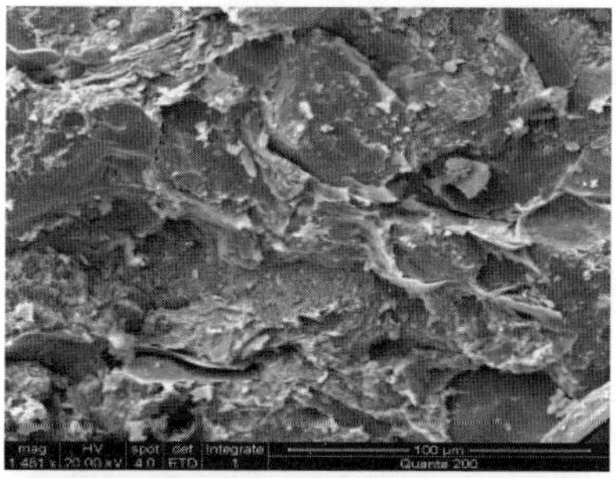	云母、伊利石、伊蒙混层、高岭石、石盐、碳酸盐充填，微孔、微裂缝
安 97	18	2149.76	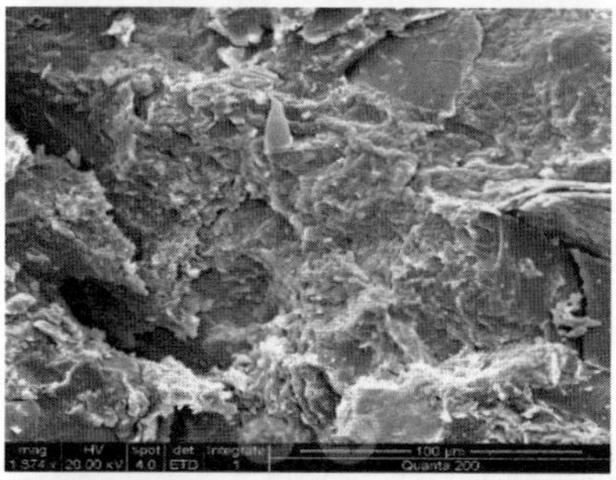	由伊利石等黏土矿物组成，呈孔隙充填及衬垫式产出，见石盐
	19	2152.78	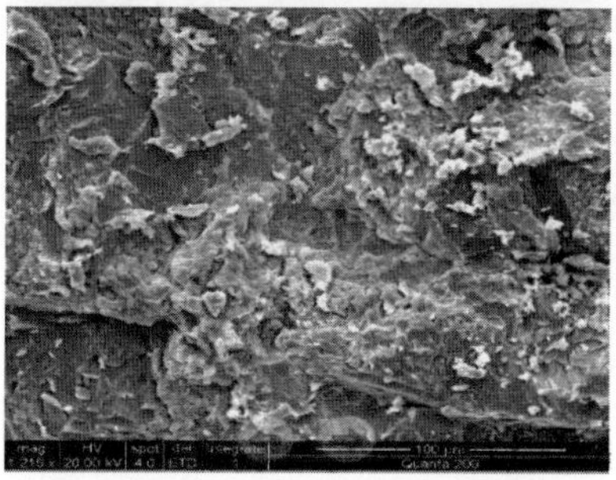	由伊利石等黏土矿物及碳酸盐组成，呈孔隙充填及衬垫式产出，见石盐

井名	编号	深度/m	扫描电镜	扫描电镜描述
	20	2153.6		由伊利石、高岭石等黏土矿物组成，呈孔隙充填及衬垫式产出，石英含量加大Ⅱ～Ⅲ级，见石盐
安97	21	2155		由伊利石、高岭石等黏土矿物及碳酸盐组成，呈孔隙充填及衬垫式产出，见石盐
	22	2135.75		由伊利石、伊蒙混层黏土矿物及碳酸盐、云母组成，云母层理缝，微溶蚀孔发育
安46	30	2458.7		由碳酸盐、伊利石、高岭石、石盐及云母填隙物组成，发育零星溶蚀孔

井名	编号	深度/m	扫描电镜	扫描电镜描述
安46	31	2458.7		由高岭石、伊利石、碳酸盐组成，偶有微孔、裂缝发育
	32	2456.1		由伊利石、高岭石等黏土矿物组成，呈孔隙充填及衬垫式产出，见石盐
	33	2460.1		石英含量加大Ⅲ级，由高岭石、伊蒙混层、嵌晶碳酸盐组成，微孔、零星溶蚀孔发育
	34	2464.3		由伊利石等黏土矿物组成，呈孔隙充填及衬垫式产出

表 2-11　姬塬地区岩心扫描电镜测试描述

井名	编号	深度/m	扫描电镜	扫描电镜描述
安 72	23	2402.7	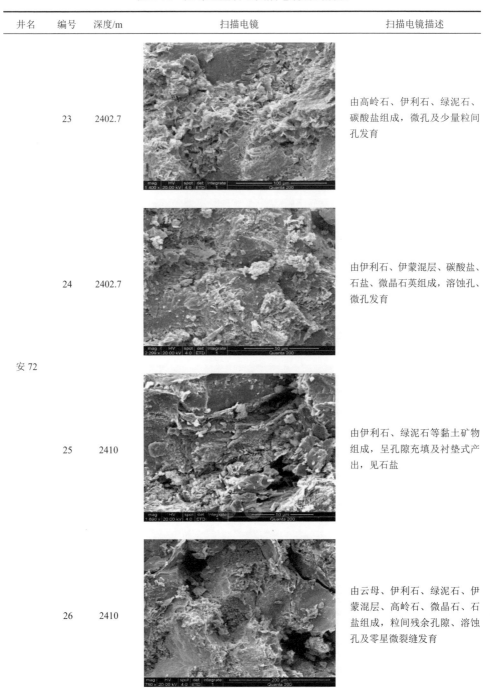	由高岭石、伊利石、绿泥石、碳酸盐组成，微孔及少量粒间孔发育
	24	2402.7		由伊利石、伊蒙混层、碳酸盐、石盐、微晶石英组成，溶蚀孔、微孔发育
	25	2410		由伊利石、绿泥石等黏土矿物组成，呈孔隙充填及衬垫式产出，见石盐
	26	2410		由云母、伊利石、绿泥石、伊蒙混层、高岭石、微晶石、石盐组成，粒间残余孔隙、溶蚀孔及零星微裂缝发育

井名	编号	深度/m	扫描电镜	扫描电镜描述
	27	2414		由伊利石等黏土矿物组成，呈孔隙充填及衬垫式产出，石盐较发育
安 72	28	2415		由伊利石、伊蒙混层、绿泥石、高岭石、微晶石英组成，粒间孔隙、溶蚀孔发育
	29	2424		由伊利石等黏土矿物及碳酸盐组成，呈孔隙充填及衬垫式产出，石盐发育

表 2-12 庆城地区岩心扫描电镜测试描述

井名	编号	深度/m	扫描电镜	扫描电镜描述
西 217	35	2031.5		由伊利石等黏土矿物及碳酸盐组成，呈孔隙充填及衬垫式产出

井名	编号	深度/m	扫描电镜	扫描电镜描述
	36	2034.18		以粒间残余孔隙为主，由伊利石等黏土矿物及碳酸盐组成，呈孔隙充填及衬垫式产出，石英含量加大Ⅱ～Ⅲ级，见石盐
西 217	37	2036.18		石英、长石含量加大Ⅱ～Ⅲ级，由伊利石、伊蒙混层、高岭石组成，溶蚀孔、零星粒间孔隙发育
	39	2043.81		由粒间残余孔隙、伊利石等黏土矿物及碳酸盐组成，呈孔隙充填及衬垫式产出，石英含量加大Ⅱ～Ⅲ级

表 2-13　陇东地区岩心扫描电镜测试描述

井名	编号	深度/m	扫描电镜	扫描电镜描述
西 213	40	2072.5		石英含量加大Ⅱ～Ⅲ级，由微晶石英、伊利石、伊蒙混层、菱面体碳酸盐组成，溶蚀孔、零星粒间孔隙发育

井名	编号	深度/m	扫描电镜	扫描电镜描述
西 213	41	2073.4		由伊利石等黏土矿物及碳酸盐组成，呈孔隙充填及衬垫式产出，石英含量加大Ⅱ～Ⅲ级
	42	2083		以粒间残余孔隙为主，由伊利石等黏土矿物及碳酸盐、黄铁矿组成，呈孔隙充填及衬垫式产出
	43	2087		由粒间残余孔隙、伊利石等黏土矿物及碳酸盐组成，呈孔隙充填及衬垫式产出，石英含量加大Ⅱ～Ⅲ级
	44	2089.2		以粒间残余孔隙为主，由伊利石等黏土矿物及碳酸盐组成，呈孔隙充填及衬垫式产出，石英含量加大Ⅱ～Ⅲ级

表 2-14 华池地区岩心扫描电镜测试描述

井名	编号	深度/m	扫描电镜	扫描电镜描述
里 49	45	2191		由绿泥石、伊利石、伊蒙混层、微晶石英组成，零星粒间孔隙、部分长石溶蚀孔
	46	2194		由绿泥石、伊利石、伊蒙混层、微晶石英组成，零星粒间孔隙、部分长石溶蚀孔
	47	2197		由绿泥石、伊利石、伊蒙混层、微晶石英和长石组成，粒间残余孔隙、部分长石溶蚀孔发育
	48	2204		由粒间残余孔隙、伊利石等黏土矿物组成，呈孔隙充填及衬垫式产出

井名	编号	深度/m	扫描电镜	扫描电镜描述
里 49	49	2207		由粒间残余孔隙、伊利石等黏土矿物组成，呈孔隙充填及衬垫式产出，石英含量加大Ⅱ～Ⅲ级

2.3.2　测试结果统计及分析

岩心扫描电镜测试结果分析表明，各地区岩心均具有孔隙发育差、孔隙类型以粒间残余孔隙为主、成岩自生矿物由伊利石等黏土矿物及碳酸盐组成、呈孔隙充填及衬垫式产出的共同特征。各地区岩心扫描电镜测试结果各自特征如表 2-15 所示。

表 2-15　岩心扫描电镜测试结果

编号	井名	地区	孔隙度/%	平均空气渗透率/mD	扫描电镜结果分析
1	庄164	合水	9.61	0.313	石英含量加大Ⅱ～Ⅲ级，石盐较发育
2	庄164	合水	8.48	0.144	石英含量加大Ⅱ～Ⅲ级，见石盐及微晶石英
3	庄164	合水	3.26	0.067	石盐局部较发育
4	庄164	合水	3.53	0.0413	包含部分伊蒙混层矿物，碳酸盐发育
5	庄164	合水	8.06	0.181	石英含量加大Ⅲ级，包含部分伊蒙混层矿物，石盐较发育
6	庄25	合水	4.98	0.0289	—
7	庄25	合水	3.04	0.0115	石英含量加大Ⅱ～Ⅲ级，见石盐
8	庄25	合水	3.87	0.0762	见石盐
9	庄25	合水	6.39	0.084	石英含量加大Ⅱ～Ⅲ级，见石盐
10	庄25	合水	2.00	0.057	石英含量加大Ⅱ～Ⅲ级，见石盐
11	庄188	合水	5.57	0.0926	含有伊蒙混层
12	庄188	合水	6.75	0.0778	含有伊蒙混层

编号	井名	地区	孔隙度/%	平均空气渗透率/mD	扫描电镜结果分析
13	庄188	合水	4.24	0.0571	—
14	庄188	合水	6.54	0.174	含有伊蒙混层，石英含量加大III级
15	庄188	合水	9.61	0.0871	含有伊蒙混层，石英含量加大III级
16	庄188	合水	8.09	0.0701	含有伊蒙混层，石英含量加大III级
17	安97	定边	3.17	0.042	见石盐，含有伊蒙混层，存在高岭石矿物
18	安97	定边	5.10	0.054	见石盐
19	安97	定边	3.27	0.028	见石盐，含有碳酸盐
20	安97	定边	3.11	0.0468	见石盐，存在高岭石矿物，石英含量加大II～III级
21	安97	定边	3.14	0.0598	见石盐，存在高岭石矿物，含有碳酸盐
22	安97	定边	3.40	0.039	见石盐，含有伊蒙混层，存在高岭石矿物，发育有碳酸盐
23	安72	姬塬	5.47	0.0896	存在高岭石和绿泥石矿物，含有碳酸盐
24	安72	姬塬	4.55	0.0792	含有伊蒙混层及碳酸盐，石英含量加大III级，见石盐
25	安72	姬塬	10.28	0.2842	存在绿泥石，见石盐
26	安72	姬塬	8.69	0.1991	含有伊蒙混层、高岭石、绿泥石等黏土矿物
27	安72	姬塬	5.04	0.0899	石盐较发育
28	安72	姬塬	11.05	0.2513	含有伊蒙混层、高岭石和绿泥石等黏土矿物，见石盐
29	安72	姬塬	3.21	0.053	存在碳酸盐，石盐发育
30	安46	定边	3.23	0.0453	含有高岭石等黏土矿物，碳酸盐发育，见石盐
31	安46	定边	4.55	0.062	存在高岭石等黏土矿物，含有碳酸盐
32	安46	定边	4.67	2.8079	存在高岭石等黏土矿物，见石盐
33	安46	定边	3.05	0.0424	含有伊蒙混层，高岭石等黏土矿物及碳酸盐，石英含量加大III级
34	安46	定边	6.28	0.0373	—
35	西217	庆城	6.74	0.1448	含有碳酸盐
36	西217	庆城	4.71	0.075	含有碳酸盐，石英含量加大II～III级，见石盐
37	西217	庆城	4.38	0.0871	含有伊利石、伊蒙混层和高岭石等黏土矿物及碳酸盐，石英和长石含量加大II～III级

续表

编号	井名	地区	孔隙度/%	平均空气渗透率/mD	扫描电镜结果分析
39	西217	庆城	9.28	0.287	含有碳酸盐，石英含量加大 II～III 级
40	西213	陇东	4.89	0.0789	含有伊蒙混层黏土矿物及碳酸盐，石英含量加大 II～III 级
41	西213	陇东	8.53	0.189	含有碳酸盐，石英含量加大 II～III 级
42	西213	陇东	5.88	0.145	存在碳酸盐、黄铁矿
43	西213	陇东	6.99	0.1293	含有碳酸盐，石英含量加大 II～III 级
44	西213	陇东	3.18	0.0511	含有碳酸盐，石英含量加大 II～III 级
45	里49	华池	10.86	0.3871	含有伊蒙混层、绿泥石等黏土矿物，石英含量加大 II～III 级
46	里49	华池	8.16	0.1366	含有伊蒙混层、绿泥石等黏土矿物，见微晶石英
47	里49	华池	9.49	0.3264	含有伊蒙混层、绿泥石等黏土矿物，见微晶石英
48	里49	华池	3.30	0.0385	—
49	里49	华池	4.30	0.059	石英含量加大 II～III 级

2.4　X 射线衍射技术测试黏土含量

利用 X 射线衍射能够实现对晶体结构的详细分析，因此其在岩石矿物学中具有非常广泛的应用[2]。该技术的原理是当 X 射线发生器发射的 X 射线照射到岩心样品上时，X 射线与岩心样品中原子内层电子作用，产生光电效应，逐出内层电子形成光电子，并在电子层中形成空穴。这一空穴使原子处于不稳定状态，导致原子外层的高能电子向内层跃迁。在此过程中，电子的能差转化为 X 射线荧光，又称为元素特征 X 射线。通过测定特征 X 射线的能量，就可以确定样品中微量元素的种类[4]。

通过 X 射线衍射特征峰值能够对岩心样品中敏感性矿物的种类进行鉴别，通过 X 射线衍射特征峰值的强度可以确定指定敏感性矿物的相对含量[3]。

本小节分别对合水、定边、姬塬、庆城、陇东和华池六个地区不同深度处的岩心进行 X 射线衍射测试，其测试结果如表 2-16 所示。

表 2-16　岩心 X 射线衍射测试结果

编号	井名	地区	孔隙度 /%	平均空气渗透率/mD	黏土 含量/%	黏土矿物种类及相对含量/%			
						伊利石 含量	绿泥石 含量	高岭石 含量	伊蒙混层 含量
1 号	庄 164	合水	9.61	0.313	4.92	73.06	4.83	—	20.11
2 号	庄 164	合水	8.48	0.144	3.71	74.27	8.65	—	15.08
3 号	庄 164	合水	3.26	0.067	5.69	80.45	6.19	—	12.36
4 号	庄 164	合水	3.53	0.0413	1.09	84.58	3.27	—	11.15
5 号	庄 164	合水	8.06	0.181	3.28	76.18	5.09	—	15.73
6 号	庄 25	合水	4.98	0.0289	39.8	71.8	3.21	—	23.99
7 号	庄 25	合水	3.04	0.0115	4.01	76.91	8.25	—	13.84
8 号	庄 25	合水	3.87	0.0762	3.24	73.96	12.37	—	12.67
9 号	庄 25	合水	6.39	0.084	3.07	75.18	9.45	—	13.37
10 号	庄 25	合水	2.00	0.057	3.52	79.11	6.86	—	13.03
11 号	庄 188	合水	5.57	0.0926	9.11	75.59	4.35	—	18.06
12 号	庄 188	合水	6.75	0.0778	10.53	74.45	6.21	—	16.34
13 号	庄 188	合水	4.24	0.0571	9.16	76.53	4.21	—	16.26
14 号	庄 188	合水	6.54	0.174	4.05	79.08	3.59	—	15.33
15 号	庄 188	合水	9.61	0.0871	3.15	78.38	4.73	—	14.89
16 号	庄 188	合水	8.09	0.0701	4.09	74.15	6.82	—	16.03
17 号	安 97	定边	3.17	0.042	9.98	72.26	12.17	—	14.57
18 号	安 97	定边	5.10	0.054	3.48	46.39	39.08	—	13.53
19 号	安 97	定边	3.27	0.028	0.33	63.33	23.57	—	12.1
20 号	安 97	定边	3.11	0.0468	5.58	13.74	23.11	46.96	13.19
21 号	安 97	定边	3.14	0.0598	4.79	10.48	24.05	52.38	12.09
22 号	安 97	定边	3.40	0.039	1.14	88.47	1.08	—	10.45
23 号	安 72	姬塬	5.47	0.0896	1.83	83.11	3.56	—	12.33
24 号	安 72	姬塬	4.55	0.0792	4.72	70.48	13.83	—	14.69
25 号	安 72	姬塬	10.28	0.2842	8.86	15.26	68.27	—	14.47
26 号	安 72	姬塬	8.69	0.1991	8.41	15.99	61.57	3.59	15.85
27 号	安 72	姬塬	5.04	0.0899	6.31	63.89	18.69	—	15.42
28 号	安 72	姬塬	11.05	0.2513	5.33	25.6	59.39	—	13.01
29 号	安 72	姬塬	3.21	0.053	0.58	56.73	28.32	—	13.95
30 号	安 46	定边	3.23	0.0453	0.89	75.03	2.36	12.37	9.24

续表

编号	井名	地区	孔隙度/%	平均空气渗透率/mD	黏土含量/%	黏土矿物种类及相对含量/%			
						伊利石含量	绿泥石含量	高岭石含量	伊蒙混层含量
31 号	安 46	定边	4.55	0.062	0.35	90.46	1.85	—	6.69
32 号	安 46	定边	4.67	2.8079	9.76	65.1	18.26	—	14.64
33 号	安 46	定边	3.05	0.0424	3.56	8.24	3.07	73.71	13.98
34 号	安 46	定边	6.28	0.0373	10.05	70.3	16.33	—	12.37
35 号	西 217	庆城	6.74	0.1448	4.13	73.8	8.92	—	15.28
36 号	西 217	庆城	4.71	0.075	3.26	79.04	4.39	—	14.57
37 号	西 217	庆城	4.38	0.0871	4.8	73.08	12.34	—	13.58
39 号	西 217	庆城	9.28	0.287	3.85	82.18	3.14	—	13.68
40 号	西 213	陇东	4.89	0.0789	6.26	73.04	8.57	—	18.39
41 号	西 213	陇东	8.53	0.189	5.87	78.14	5.27	—	14.59
42 号	西 213	陇东	5.88	0.145	8.59	74.73	8.03	—	15.24
43 号	西 213	陇东	6.99	0.1293	6.05	76.62	6.31	—	14.07
44 号	西 213	陇东	3.18	0.0511	8.84	81.97	4.65	—	12.38
45 号	里 49	华池	10.86	0.3871	3.57	15.42	72.11	—	11.47
46 号	里 49	华池	8.16	0.1366	2.11	18.65	70.54	—	10.81
47 号	里 49	华池	9.49	0.3264	5.98	12.52	74.42	—	12.06
48 号	里 49	华池	3.30	0.0385	2.87	68.11	18.89	—	13
49 号	里 49	华池	4.30	0.059	4.03	73.33	12.46	—	13.21

由岩心 X 射线衍射测试结果可以看出,实验所用岩心黏土含量的大致范围在 0%~39.8%,黏土矿物的种类主要有伊利石、绿泥石和伊蒙混层,其中伊利石的平均含量为 63.32%,占黏土矿物的绝大部分。

2.5 界面张力测试

2.5.1 实验原理

界面是指两相接触的几个分子厚度的过渡区,如其中一相为气体,这种界面通常称为表面。在固体和液体相接触的界面上,或在两种不同液体相接触的界面上,单位面积内两种物质的分子,各自相对于本相内部相同数量分子的过剩自由能之和,就称为界面张力。界面张力,也称液体的表面张力,是液体与空气间的界面张力。严格说表面应是液体或固体与其饱和蒸汽之间的界面,但习惯上把液体或固体与空气间的界面称为液体或固体的表面。常见的界面有气-液界面、气-固界面、液-液界面、液-固界面、固-固界面。

液体与另一种不相混溶的液体接触，其界面产生的力称为液相与液相间的界面张力。液体与固体表面接触，其界面产生的力称为液相与固相间的界面张力。液体的表面张力，就是液体表面的自由能；固体表面与空气之间的界面张力，就是固体表面的自由能。固体表面的材质不同，其表面自由能也不同。金属和一般无机物表面自由能在 100mN/m 以上，称为高能表面；塑料等有机物表面的能量较低，称为低能表面。与表面张力不同，处在界面层的分子，一方面受到体相内相同物质分子的作用，另一方面受到性质不同的另一相中物质分子的作用，其作用力未必能相互抵消。因此，界面张力通常比表面张力小得多。

表面张力是由液体分子间很大的内聚力引起的，处于液体表面层中的分子比液体内部的分子稀疏，所以它们受到指向液体内部的力的作用，使得液体表面层犹如张紧的橡皮膜，有收缩趋势，从而使液体尽可能地缩小它的表面积。球形是一定体积下具有最小表面积的几何形体，因此在表面张力的作用下，液滴总是力图保持球形，这就是常见的树叶上水滴接近球形的原因。表面张力的方向与液面相切，并与液面的任意两部分分界线垂直；表面张力仅仅与液体的性质和温度有关，一般情况下，温度越高，表面张力越小；另外，杂质也会明显地改变液体的表面张力，如洁净的水有很大的表面张力，而沾有肥皂液的水的表面张力就比较小，也就是说，洁净水表面具有更大的收缩趋势。

为了测定超低界面张力，需要人为地改变原来重力与界面张力间的平衡，使平衡时液滴的形状便于测定。在旋转滴法界面张力仪中，通常使液-液或液-气体系旋转，从而增加离心力的作用。

通常，在样品管中充满高密度相液体，再加入少量低密度相液体（或气体，用于测定液体与气体间的界面张力值），密封地装在旋转滴法界面张力仪上，使样品管平行于旋转轴并与转轴同心，开动机器，转轴携带液体以转速 ω 自旋。转动过程中，较重的液滴在离心力作用下倾向于管壁而远离管的中心，较轻的液滴集中于管的中心；随着转速的不断增加，液滴被拉长，在足够高的转速下，液柱的形状不再变化。在离心力、重力和界面张力作用下，低密度相液体在高密度相液体中形成一个长球形或圆柱形液滴，其形状由转速 ω 和界面张力决定。测定液滴的滴长（L）和宽度（D）值、两相液体密度差（$\Delta\rho$）以及转速 ω，根据 Vonnegut 等式[5]（旋转滴法界面张力计算公式），即可计算出界面张力值。计算公式如下：

$$\sigma = \frac{\Delta\rho\omega^2 R_0^3}{4} \tag{2-1}$$

式中，σ 为界面张力，N/m；$\Delta\rho$ 为密度差，kg/m³；ω 为电机实际转速，r/min；R_0 为圆柱半径，m。

但这仅是一般公式，事实上，在计算界面张力值时，有各种公式的变化，从而产生各种计算公式。针对本书，选用 TX500^{TM} 的美国标准算法。计算公式如下：

$$\sigma = (1/8) \times \pi^2 \times 10^6 \times (\Delta\rho \div 1000) \times (\omega \div 60000)^2 \times (D/n)^3 \times f(L/D) \qquad (2\text{-}2)$$

式中，σ 为界面张力，mN/m；D 为测试宽度，mm；n 为外向折射率，无量纲；$f(L/D)$ 为校正因子，无量纲。

2.5.2　实验设计方案

1）实验仪器

TX500D 系列旋转滴超低界面张力仪，如图 2-7（a）所示。

2）实验材料

表面活性剂 ZQ、原油、矿化水、NaOH 溶液，如图 2-7（b）所示。

　　　　（a）实验仪器　　　　　　　　　　　　　　　　（b）实验材料

图 2-7　界面张力实验仪器及实验材料

3）实验流程

步骤 1：首先用 5mL 注射器吸入一定量高密度相液滴，并注入石英玻璃管内。进液时，应将石英玻璃管微微倾斜，以利于液体在玻璃管口的一端形成液滴，界面张力测试步骤 1 示意图如图 2-8 所示。

步骤 2：将旋转管左端用聚四氟乙烯 T 形头堵头（不带小孔）堵上有液滴滴出的一端。注意，堵头是有区别的，一种堵头是带小孔的，另一种是不带小孔的。最后，用纸巾角沾去液面小气泡。

步骤 3：取 100mL 的注射器，吸入低密度相液滴，如果低密度相液滴黏度较高，则另找一小针。

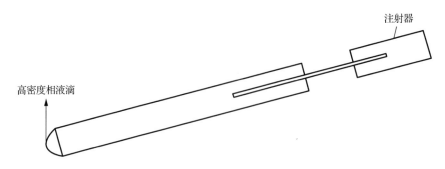

图 2-8　界面张力测试步骤 1 示意图

步骤 4：注入低密度相液滴。

（1）用微量注射器慢慢吸取一定量的低密度相液滴（一般为油，该量要略大于根据界面张力大小所需注入的量）。若低密度相为液体，应保持无气泡吸入。

（2）将微量注射器针头向上轻压活塞，使可能有的气泡排出，直至从针头排出油为止。若低密度相为气体，则直接用干燥后的注射器注入气体。

步骤 5：补液。

补上一定量的高密度相液滴。同时注意，本过程中尽量让低密度相的小液滴或气泡运移到石英玻璃管的另一端，界面张力测试步骤 5 示意图如图 2-9 所示。

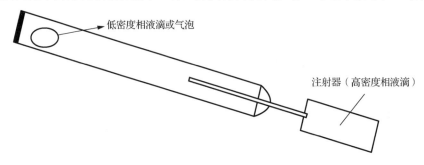

图 2-9　界面张力测试步骤 5 示意图

步骤 6：先取下另一个堵头中的铝合金塞子，再用带孔的另一个聚四氟乙烯堵头堵上。操作过程中请保持如图 2-9 所示的一定倾斜角度。如果堵头被堵上，那么高密度相液滴会流出，擦拭干净后，塞上取下的铝合金塞子。

步骤 7：将装完样的石英玻璃管装入样品转轴内，打开转轴样品槽上盖，拧松样品槽外侧的螺丝，旋转转轴，从宽的一侧装入，此过程中用镊子操作。从石英玻璃管一端自外侧顶丝松开的地方先进入，再顶入另一侧，同时，另一个手配合将外侧的顶丝顶入。

步骤 8：调整样品槽的旋转钮，将低密度相液滴放在中间位置。

步骤 9：调整镜头焦距及镜头视野，可以观察到液滴位置。

步骤 10：在计算机操作界面中设置好转速及温度，点击开始，进行测试[6]。

4）实验设计方案

实验测试内容共包括四个方面，其相应的设计测试参数如表 2-17 的界面张力测试设计方案所示。

表 2-17　界面张力测试设计方案

设计测试内容	设计测试变量
不同矿化度溶液+原油	矿化度：0mg/L、5000mg/L、10000mg/L、15000mg/L、25000mg/L、35000mg/L、45000mg/L
不同浓度的表面活性剂 ZQ 溶液+原油	表面活性剂 ZQ 溶液浓度：0.05%、0.10%、0.15%、0.20%、0.25%、0.30%、0.35%、0.40%
0.2%表面活性剂 ZQ 溶液+原油+不同矿化度溶液	矿化度：5000mg/L、10000mg/L、15000mg/L、25000mg/L、35000mg/L、45000mg/L
0.2%表面活性剂 ZQ 溶液+原油+25000mg/L 矿化度溶液+不同浓度的 NaOH 溶液	NaOH 溶液浓度：0.5%、1.0%、1.5%、2.0%

2.5.3　界面张力测试结果及分析

根据表 2-17 设计的界面张力测试内容，进行界面张力测试实验，实验结果如图 2-10～图 2-13 所示。

1）不同矿化度溶液与原油界面张力测试

从图 2-10 界面张力随矿化度变化曲线可以看出：随着矿化度的增加，界面张力先下降后略有升高，从数量级变化可以说明矿化度大小对界面张力有较大影响，不能忽略。矿化度在 0～15000mg/L 时，界面张力随矿化度增加而急剧下降；而矿化度在 15000～45000mg/L 时，界面张力随矿化度增加而略微上升。可见对于当前配置盐水，矿化度为 15000mg/L 时对应最低界面张力。

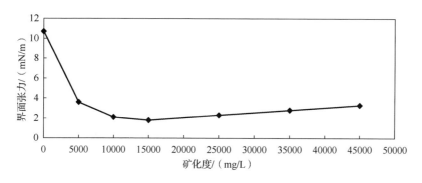

图 2-10　界面张力随矿化度变化曲线

2）不同浓度的表面活性剂 ZQ 溶液与原油界面张力测试

从图 2-11 界面张力随表面活性剂 ZQ 溶液浓度变化曲线可以看出：随着表面活性剂 ZQ 溶液浓度的增加，界面张力先快速下降然后趋于平稳。在表面活性剂 ZQ 溶液浓度为 0.2%时，对应最低界面张力，这是由于低浓度表面活性剂 ZQ 溶液吸附在岩石表面改变了岩石润湿性，当浓度达到一定值，孔喉壁面吸附量达到一定值后，表面活性剂 ZQ 溶液浓度对孔喉润湿性影响逐渐减弱。

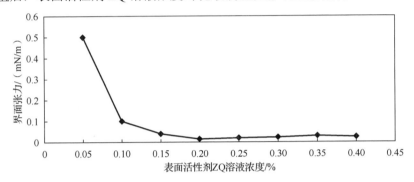

图 2-11　界面张力随表面活性剂 ZQ 溶液浓度变化曲线

3）0.2%表面活性剂 ZQ 溶液下，不同矿化度溶液与原油界面张力测试

从图 2-12 0.2%表面活性剂 ZQ 溶液下界面张力随矿化度变化曲线可以看出：在表面活性剂 ZQ 溶液浓度为 0.2%时，原油界面张力随矿化度值的增加，先下降然后上升，呈现 V 字型趋势。当矿化度为 25000mg/L 时，界面张力最低，但是界面张力的变化区间较小。可见，在表面活性剂 ZQ 溶液存在的前提下，不同矿化度对界面张力的影响不明显，可以忽略。

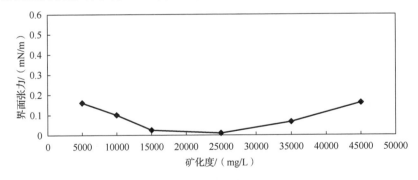

图 2-12　0.2%表面活性剂 ZQ 溶液下界面张力随矿化度变化曲线

4）0.2%表面活性剂 ZQ 溶液与 25000mg/L 矿化度溶液下，不同浓度 NaOH 与原油界面张力测试

从图 2-13 0.2%表面活性剂 ZQ 溶液与矿化度 25000mg/L 下界面张力随 NaOH

浓度变化曲线可以看出：在表面活性剂 ZQ 溶液浓度为 0.2%、矿化度为 25000mg/L 时，原油界面张力随 NaOH 浓度的增加而增加。当 NaOH 浓度为 0%时，界面张力最低，为 0.015mN/m；当 NaOH 浓度为 2.0%时，界面张力增加到 0.55mN/m。可见，在表面活性剂 ZQ 存在和矿化度一定的前提下，NaOH 浓度对界面张力的影响非常显著。

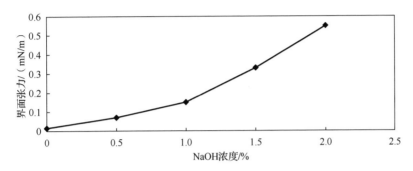

图 2-13　0.2%表面活性剂 ZQ 溶液与矿化度 25000mg/L 下界面张力随 NaOH 浓度变化曲线

2.6　润湿性测试

2.6.1　实验原理

润湿是自然界和生产过程中常见的现象。通常将固-气界面被固-液界面所取代的过程称为润湿。将液体滴在固体表面上，由于性质不同，有的会铺展开来，有的则黏附在表面上形成平凸透镜状，这种现象称为润湿作用。前者称为铺展润湿，后者称为黏附润湿，如水滴在干净玻璃板上可以产生铺展润湿。如果液体不黏附而保持椭球状，则称为不润湿，如汞滴到玻璃板上或水滴到防水布上的情况。此外，如果是能被液体润湿的固体完全浸入液体中，则称为浸湿。上述润湿类型如图 2-14 所示。

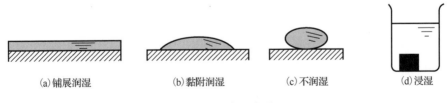

(a)铺展润湿　　　　(b)黏附润湿　　　　(c)不润湿　　　　(d)浸湿

图 2-14　润湿类型

当液体与固体接触后，体系的自由能降低，因此，液体在固体上润湿程度的大小可用这一过程自由能降低的多少来衡量。在恒温恒压下，当一液滴放置在固体表面上时，液滴能自动地在固体表面铺展开来，或以与固体表面成一定接触角的液滴存在，如图 2-15 所示。

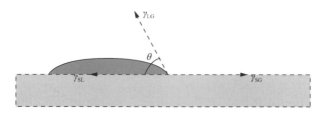

图 2-15　接触角

假定不同的界面间力可用作用在界面方向的界面张力来表示，则当液滴在固体表面上处于平衡位置时，这些界面张力在水平方向上的分力之和应等于零，这个平衡关系就是著名的 Young[7]方程，即

$$\gamma_{SG} - \gamma_{SL} = \gamma_{LG} \cdot \cos\theta \tag{2-3}$$

式中，γ_{SG}、γ_{LG} 和 γ_{SL} 分别为固-气、液-气和固-液界面张力，N/m；θ 为接触角（$0°\sim180°$），是在固、气、液三相交界处，自固体界面经液体内部到气液界面的夹角。

在恒温恒压下，黏附润湿、铺展润湿过程发生的热力学条件分别如下。

黏附润湿：

$$W_a = \gamma_{SG} - \gamma_{SL} + \gamma_{LG} \geqslant 0 \tag{2-4}$$

铺展润湿：

$$S = \gamma_{SG} - \gamma_{SL} - \gamma_{LG} \geqslant 0 \tag{2-5}$$

式中，W_a 为黏附润湿过程中的黏附功，N/m；S 为铺展润湿过程中的铺展系数，N/m。

若将式（2-3）分别代入式（2-4）、式（2-5），得到下面结果：

$$W_a = \gamma_{SG} + \gamma_{LG} - \gamma_{SL} = \gamma_{LG}(1 + \cos\theta) \tag{2-6}$$

$$S = \gamma_{SG} - \gamma_{SL} - \gamma_{LG} = \gamma_{LG}(\cos\theta - 1) \tag{2-7}$$

式（2-6）和式（2-7）说明，只要测定了表面张力和接触角，便可以计算出黏附功和铺展系数，进而可以据此来判断各种润湿现象。还可以看到，接触角的数据也能作为判别润湿情况的依据，通常把 $\theta=90°$ 作为润湿与否的界限：当 $\theta>90°$ 时，称为不润湿；当 $\theta<90°$ 时，称为润湿，θ 越小，润湿性能越好；当 $\theta=0°$ 时，液体在固体表面上铺展，固体被完全润湿。

接触角是表征液体在固体表面润湿性的重要参数之一，由它可了解液体在一定固体表面的润湿程度。接触角测定在矿物浮选、注水采油、洗涤、印染、焊接等方面有广泛的应用。

决定和影响润湿作用和接触角的因素很多，如固体和液体的性质及杂质、添加物的影响、固体表面的粗糙程度、不均匀性的影响、表面污染等。原则上，极性固体易被极性液体所润湿，而非极性固体易被非极性液体所润湿。玻璃是一种极性固体，故易被水所润湿。对于一定的固体表面，在液相中加入表面活性剂常可改善润湿性质，并且随着液体和固体表面接触时间的延长，接触角有逐渐变小趋于定值的趋势，这是表面活性剂在各界面上吸附的结果。

接触角的测定方法很多，根据直接测定的物理量分为四大类：角度测量法、长度测量法、力测量法、透射测量法。其中，角度测量法是最常用的，也是最直截了当的一类方法。它是在平整的固体表面上滴一滴小液滴，直接测量接触角的大小。为此，可用低倍显微镜中装有的量角器测量，也可将液滴图像投影到屏幕上或拍摄图像再用量角器测量，这类方法都无法避免人为作切线产生的误差。

2.6.2　实验设计方案

1）实验仪器

DSA100 接触角测量仪，如图 2-16（a）所示。

2）实验材料

洗油前后岩心、清水、煤油的测试过程如图 2-16（b）所示。

（a）接触角测量仪　　　　　　　　　　　　（b）测试过程

图 2-16　接触角测量仪及测试过程

3）实验步骤

步骤 1：测量准备。

打开 DSA100 接触角测量仪，以及控制电脑，双击快捷图标打开控制软件；设定图像传输方式为直播，在测试光路中，轻轻挥动手掌，检查摄像仪是否能呈现正确的图像。同时仪器自检通过，"?"变为"S1"，旋转棱镜倾角至 1°。在菜单"Option"中的"Drop Type"内选择"Sessile Drop"。

准备沉积系统，单一沉积系统：注射器中抽入水，放置在仪器架中；多个沉积系统：在注射器 1 的储液瓶中加入水，如果已选择另外一个注射器用于注射水，则可设定该注射器作为快速开始。

步骤 2：定位针头。

向下移动针头，可通过控制"Pageup""PageDown"和"↑or↓"键控制注射针头，使针头出现在图像上方 1/5 部分；同时调节样品台，使样品台出现在图像下方 1/5 处；避免针头和样品直接接触，通过监视器直接观测针头与样品之间的距离；如果必要，通过旋转固定架上滴定系统的旋钮，移动针头至图像中心。

步骤 3：滴定液体。

在设备控制栏平面"Device Control Panel"，选择"Dosing"选项，再选择滴定模式为"体积"，输入体积（建议小于 8mL），设置滴定速度；点击右手箭头键开始滴定，使液体悬在注射器上，同时用样品台去接液体，使液体完整地滴在样品台上；调节图像大小和清晰度，同时注意调整光源亮度以保证接触角图像的清晰度，可在符号栏中点击图标打开调焦对话窗口，有助于设定图像的清晰度，在设备控制栏"Median"绿色背景中出现的数字应尽可能大。

步骤 4：接触角测量。

点击符号栏中的测试图标，可以自动确定基线位置。基线是样品表面和液滴之间的接触线，是液滴图像中的一条彩色线；打开菜单"Profile"，在下拉菜单中选择接触角测量方法"液滴图像以圆函数拟合"；轮廓线显示在液滴图像上，结果显示在底部的左侧状态线上；当点击符号栏中的图标时，结果窗口打开，所有接触角的测量结果被自动收集并显示出来。

2.6.3 润湿性测试及分析

本次测试岩心分为两批，共 15 块。第一批岩心 10 块，第二批岩心 5 块。其润湿性测试岩心基本参数见表 2-18。

表 2-18 润湿性测试岩心基本参数

取心批次	编号	井名	深度/m	地区	干重/g	孔隙度/%	平均空气渗透率/mD
第一批	5	庄 164	1688.9	合水	51.63	8.06	0.1810
	12	庄 188	1833.6	合水	51.88	6.75	0.0778
	24	安 72	2402.7	姬塬	52.33	4.55	0.0792
	26	安 72	2410	姬塬	50.24	8.69	0.1991

续表

取心批次	编号	井名	深度/m	地区	干重/g	孔隙度/%	平均空气渗透率/mD
第一批	30	安 46	2458.7	定边	55.41	3.23	0.0453
	33	安 46	2460.1	定边	53.65	3.05	0.0424
	35	西 217	2031.5	庆城	53.24	6.74	0.1448
	37	西 217	2036.18	庆城	53.94	4.38	0.0871
	40	西 213	2072.5	陇东	50.37	4.89	0.0789
	45	里 49	2191	华池	49.49	10.86	0.3871
第二批	50	庄 164	1671.8	合水	52.83	9.61	0.3131
	51	庄 164	1673.25	合水	52.23	8.48	0.1442
	52	庄 164	1680.5	合水	53.90	3.26	0.0670
	53	庄 164	1683.1	合水	58.18	3.53	0.0413
	54	庄 164	1688.9	合水	51.63	5.16	0.2981

利用所取岩心分别测试了以下几种情况的润湿角：第一批岩心测量了洗油后饱和水和洗油后饱和油的润湿性；第二批岩心测量了岩心原始情况、饱和水、饱和油以及洗油后饱和水、洗油后饱和油的润湿性。其润湿性测试数据汇总如表 2-19。

表 2-19　润湿性测试数据汇总　　　　　　　（单位：°）

编号	岩心状态	实验次数					均值	润湿性
		1	2	3	4	5		
5	洗油后饱和水	45.5	49.3	53.5	—	—	49.4	亲水
	洗油后饱和油	94.2	89.0	89.7	—	—	91.0	中性
12	洗油后饱和水	49.4	51.2	51.6	51.0	53.1	51.3	亲水
	洗油后饱和油	100.6	109.3	113.6	90.0	91.2	100.9	中性
24	洗油后饱和水	49.8	53.8	53.0	59.4	61.2	55.4	亲水
	洗油后饱和油	89.0	93.0	100.0	103.4	109.3	98.9	中性
26	洗油后饱和水	49.8	50.1	50.2	51.6	53.6	51.1	亲水
	洗油后饱和油	88.1	91.5	93.3	93.3	106.2	94.5	中性
30	洗油后饱和水	36.5	46.7	53.5	53.6	55.5	49.2	亲水
	洗油后饱和油	82.5	83.6	84.2	86.6	94.8	86.3	亲水
33	洗油后饱和水	49.4	50.0	51.9	52.8	53.6	51.5	亲水
	洗油后饱和油	84.9	92.9	93.7	94.1	98.7	92.9	中性
35	洗油后饱和水	53.3	56.2	56.3	56.3	69.4	58.3	亲水
	洗油后饱和油	81.8	84.3	92.4	92.0	94.0	88.9	中性

续表

编号	岩心状态	实验次数					均值	润湿性
		1	2	3	4	5		
37	洗油后饱和水	43.6	44.8	45.1	46.5	50.8	46.2	亲水
	洗油后饱和油	88.0	89.2	90.2	92.1	94.5	90.8	中性
40	洗油后饱和水	49.9	50.9	51.1	53.1	54.0	51.8	亲水
	洗油后饱和油	85.1	86.7	89.1	90.6	93.6	89.0	中性
45	洗油后饱和水	53.4	54.8	55.6	55.6	58.0	55.5	亲水
	洗油后饱和油	86.8	89.7	89.0	92.1	92.0	89.9	中性
50	原始	35.4	41.7	43.0	44.0	46.8	42.2	亲水
	饱和水	26.1	28.3	29.3	36.1	36.3	31.2	亲水
	饱和油	84.0	93.1	93.0	94.9	96.0	92.2	中性
	洗油后饱和水	43.0	48.0	50.0	42.0	41.0	44.8	亲水
	洗油后饱和油	85.0	90.0	96.3	93.3	89.9	90.9	中性
51	原始	43.8	43.9	43.7	45.6	45.0	44.4	亲水
	饱和水	36.4	39.7	41.7	42.3	42.9	40.6	亲水
	饱和油	88.7	89.0	92.3	95.4	98.3	92.7	中性
	洗油后饱和水	51.0	43.0	46.0	45.0	40.0	45.0	亲水
	洗油后饱和油	89.5	93.2	90.4	88.6	94.4	91.2	中性
52	原始	33.2	33.0	39.0	42.6	42.9	38.1	亲水
	饱和水	39.1	44.7	48.4	49.5	53.6	47.1	亲水
	饱和油	81.5	83.7	83.9	86.4	84.0	83.9	中性
	洗油后饱和水	42.0	44.0	39.0	43.0	45.0	42.6	亲水
	洗油后饱和油	88.5	85.8	89.0	90.0	82.7	87.2	中性
53	原始	32.0	33.0	42.8	45.0	48.7	40.3	亲水
	饱和水	35.6	35.7	36.6	41.0	48.0	39.4	亲水
	饱和油	74.5	79.2	83.5	83.7	86.0	81.4	中性
	洗油后饱和水	43.0	50.0	40.0	41.5	42.0	43.3	亲水
	洗油后饱和油	83.5	76.8	83.2	78.4	76.8	79.7	中性
54	原始	30.1	33.3	38.2	38.9	38.0	35.7	亲水
	饱和水	35.2	36.7	36.8	38.0	41.1	37.6	亲水
	饱和油	83.6	89.0	90.0	98.4	103.9	93.0	中性
	洗油后饱和水	33.6	33.2	35.0	36.0	39.3	35.4	亲水
	洗油后饱和油	94.0	93.0	101.6	90.0	91.0	93.9	中性

以 50 号岩心为例，岩心原始情况、饱和水、饱和油以及洗油后饱和水、洗油后饱和油的润湿性测试如图 2-17～图 2-21 所示。

图 2-17　岩心原始润湿性（50 号）

图 2-18　岩心饱和水润湿性（50 号）

图 2-19　岩心饱和油润湿性（50 号）

图 2-20　岩心洗油后饱和水润湿性（50 号）

图 2-21　岩心洗油后饱和油润湿性（50 号）

第二批编号为 50～54 号润湿性测试数据统计结果，如表 2-20 所示。

表 2-20　第二批润湿性测试数据统计　　　　　　　（单位：°）

阶段	原始	饱和水	饱和油	洗油后饱和水	洗油后饱和油
测量范围	30.1～48.7	26.1～53.6	74.5～103.9	33.2～51	76.8～101.6
平均值	40.14	39.20	88.69	42.17	88.59

根据所测数据，做出第二批编号为 50～54 号岩心不同情况下润湿性的变化曲线，洗油前后接触角测试数据对比图如图 2-22 所示。可以看出：岩心洗油前后，对润湿性有略微影响，但影响不大，岩心润湿性都是弱亲水；洗油后，岩心饱和

水可以恢复原有的润湿性，并且与原始岩心润湿性测量结果相近；洗油后饱和油会使润湿性为中性，原因是岩石表面的油对测量有较大影响。

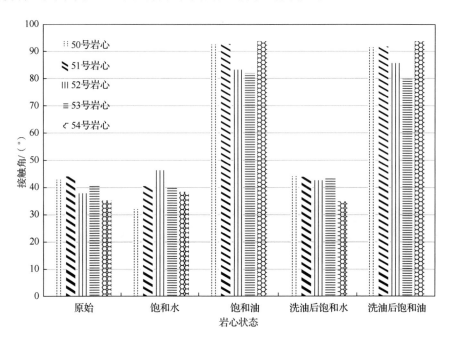

图 2-22　洗油前后接触角测试数据对比

2.7　毛管压力曲线测试及分析

2.7.1　实验原理

汞对绝大多数岩石是非润湿相，如果对汞施加的压力大于或等于孔隙喉道的毛管压力，汞就克服毛管阻力进入孔隙。根据进汞的孔隙体积分数和对应压力，就能得到毛管压力与岩样含汞饱和度的关系曲线。

汞的表面张力和润湿接触角比较稳定，可以利用注入型的压汞仪，按照中华人民共和国 GB/T 29171—2012《岩石毛管压力曲线的测定》国家标准[8]对毛管压力曲线进行测定，然后将已测得的毛管压力曲线换算成孔隙大小及分布。假设孔隙系统由粗细不同的圆柱形毛管束构成，则毛管压力与孔径间的关系如式（2-8）所示：

$$P_c = \frac{2\sigma\cos\theta}{r_c}$$

（2-8）

式中，P_c 为毛管压力，MPa；σ 为界面张力，N/m；θ 为润湿接触角，°；r_c 为毛管半径，m。

在实验室条件下，σ =0.48N/m，θ=140°，则式（2-8）可以表示为

$$P_c = \frac{0.735}{r_c} \tag{2-9}$$

2.7.2 岩样挑选

为了方便后续孔喉结构、渗透率分析研究以及毛管压力曲线的应用，岩心的选择秉承以下几个原则：①保证不同渗透率梯度；②保证有相同属性参数的岩心；③保证每口井都有对应的岩心数据；④保证有矿化度或表面活性剂影响，以及核磁测试等元素的岩心。挑选了 14 块岩心进行压汞实验，毛管压力曲线测试岩心基本数据见表 2-21，其中庄 164 井占 3 块（合水）、庄 25 井占 1 块（合水）、庄 188 井占 1 块（合水）、安 97 井占 2 块（定边）、安 72 井占 1 块（姬塬）、安 46 井占 1 块（定边）、西 217 井占 2 块（庆城）、西 213 井占 2 块（陇东）、里 49 井占 1 块（华池）。平均空气渗透率范围在 0.039～0.313mD，孔隙度范围在 3.21%～9.61%。有表面活性剂岩心实验数据的岩心编号为 2 号和 39 号，有矿化度岩心实验数据的岩心编号为 9 号和 41 号。

表 2-21 毛管压力曲线测试岩心基本数据

编号	井名	岩心长度/cm	岩心直径/cm	孔隙度/%	平均空气渗透率/mD	石英类含量/%	长石含量/%	碳酸盐填隙物含量/%	总溶蚀孔含量/%	黏土含量/%
1	庄 164	3.358	2.514	9.61	0.313	48.5	24.0	2.0	0.0	4.92
2	庄 164	3.364	2.516	8.48	0.144	49.0	23.0	2.5	0.0	3.71
3	庄 164	3.302	2.530	3.26	0.067	43.0	20.5	4.0	0.0	5.69
9	庄 25	3.380	2.532	6.39	0.084	43.0	24.5	2.0	0.0	3.07
14	庄 188	3.462	2.510	6.54	0.174	51.5	23.5	2.0	0.9	4.05
18	安 97	3.340	2.532	5.10	0.054	23.0	45.0	0.5	0.0	3.48
22	安 97	3.478	2.522	3.40	0.039	14.0	30.0	40.0	0.0	1.14
29	安 72	3.394	2.518	3.21	0.053	18.0	30.0	44.0	0.0	0.58
31	安 46	3.420	2.520	4.55	0.062	10.0	15.0	63.0	0.0	0.35
36	西 217	3.386	2.500	4.71	0.075	45.0	23.0	3.0	0.4	3.26
39	西 217	3.342	2.514	9.28	0.287	43.0	23.0	3.0	0.4	3.85
41	西 213	3.208	2.510	8.53	0.189	43.0	24.0	3.0	0.0	5.87
42	西 213	3.328	2.514	5.88	0.145	46.0	23.0	2.0	0.0	8.59
49	里 49	3.424	2.522	4.30	0.059	15.0	53.0	0.0	0.0	4.03

2.7.3 压汞曲线孔喉结构特征分析

本实验所选取的 14 块岩心各自的压汞曲线及孔喉半径分布，如图 2-23～图 2-36 所示，其中图（a）为压汞曲线，图（b）为孔喉半径分布图。

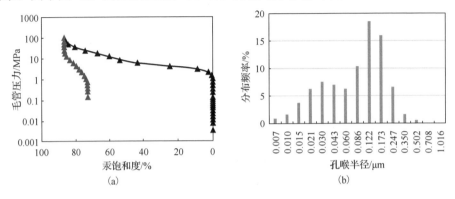

图 2-23 庄 164 压汞曲线及孔喉半径分布（1 号岩心）

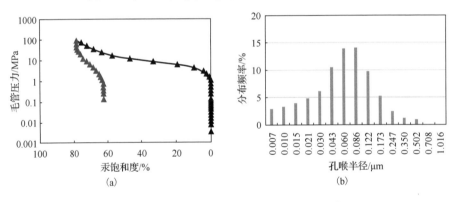

图 2-24 庄 164 压汞曲线及孔喉半径分布（2 号岩心）

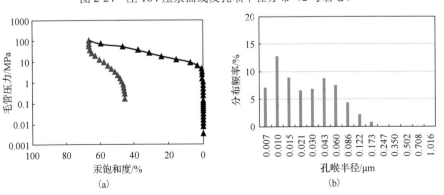

图 2-25 庄 164 压汞曲线及孔喉半径分布（3 号岩心）

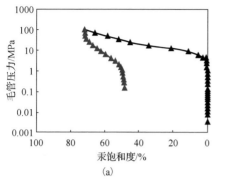

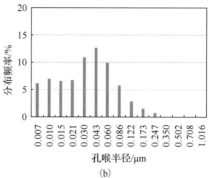

(a)　　　　　　　　　　　　　　　　　　　　(b)

图 2-26　庄 25 压汞曲线及孔喉半径分布（9 号岩心）

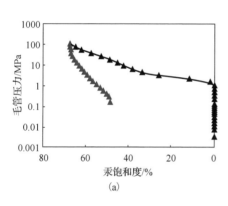

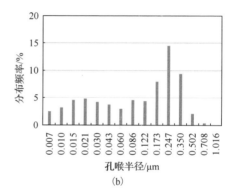

(a)　　　　　　　　　　　　　　　　　　　　(b)

图 2-27　庄 188 压汞曲线及孔喉半径分布（14 号岩心）

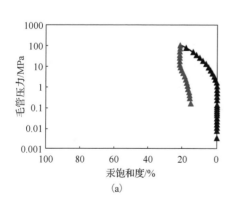

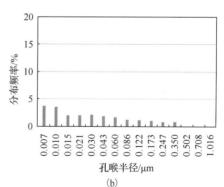

(a)　　　　　　　　　　　　　　　　　　　　(b)

图 2-28　安 97 压汞曲线及孔喉半径分布（18 号岩心）

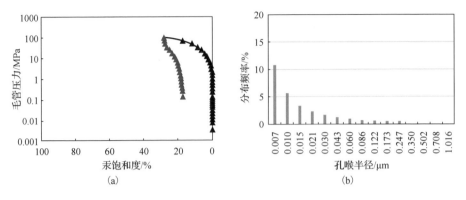

图 2-29　安 97 压汞曲线及孔喉半径分布（22 号岩心）

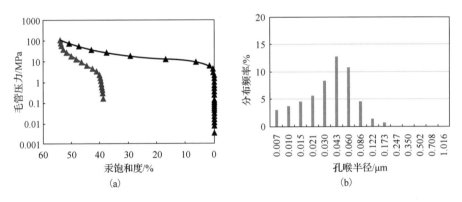

图 2-30　安 72 压汞曲线及孔喉半径分布（29 号岩心）

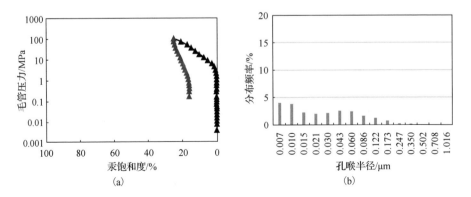

图 2-31　安 46 压汞曲线及孔喉半径分布（31 号岩心）

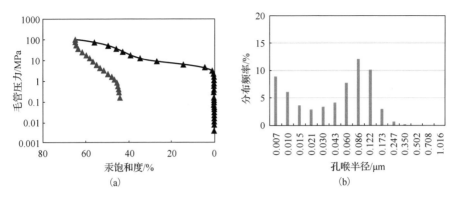

图 2-32　西 217 压汞曲线及孔喉半径分布（36 号岩心）

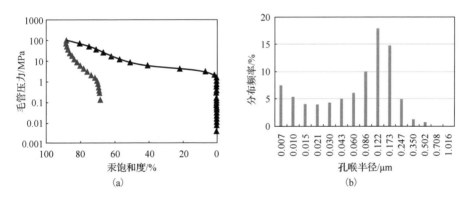

图 2-33　西 217 压汞曲线及孔喉半径分布（39 号岩心）

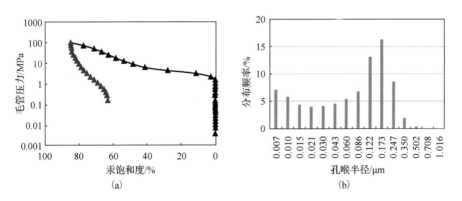

图 2-34　西 213 压汞曲线及孔喉半径分布（41 号岩心）

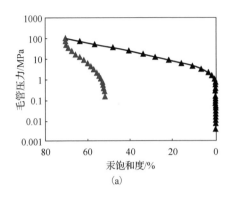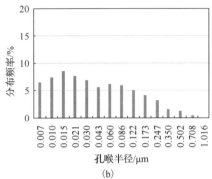

(a)　　　　　　　　　　　　　　　　(b)

图 2-35　西 213 压汞曲线及孔喉半径分布（42 号岩心）

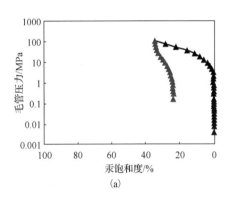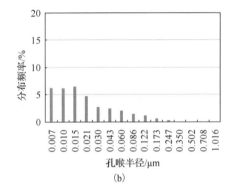

(a)　　　　　　　　　　　　　　　　(b)

图 2-36　里 49 压汞曲线及孔喉半径分布（49 号岩心）

　　从图 2-23～图 2-36 可得出：平均空气渗透率低于 0.04mD 的岩心，可动流
体饱和度范围小，孔喉半径分布峰值主要在 0.007～0.015μm；平均空气渗透率
在 0.04～0.1mD 的岩心，孔喉半径分布一般只有一个峰值，孔喉半径一般小于
0.5μm，峰值一般小于 0.06μm；平均空气渗透率大于 0.1mD 的岩心，一般存在两个
峰值，一个峰值小于 0.06μm，另一个峰值大于 0.06μm，孔喉半径一般小于 0.7μm。
14 块岩样测试数据如表 2-22 岩心毛管压力曲线测试参数统计列表所示。

表 2-22　岩心毛管压力曲线测试参数统计列表

编号	平均空气渗透率/mD	排驱压力/MPa	最大孔喉半径/μm	中值压力/MPa	中值半径/μm	最大进汞饱和度/%	残余汞饱和度/%	退汞效率/%	主流喉道半径/μm	主流喉道最小值/μm	平均孔喉半径/μm
1	0.313	2.09	0.35	6.68	0.096	85.78	72.65	15.28	0.164	0.11	0.132
2	0.144	2.98	0.25	13.69	0.054	78.41	61.46	21.61	0.126	0.07	0.098

续表

编号	平均空气渗透率/mD	排驱压力/MPa	最大孔喉半径/μm	中值压力/MPa	中值半径/μm	最大进汞饱和度/%	残余汞饱和度/%	退汞效率/%	主流喉道半径/μm	主流喉道最小值/μm	平均孔喉半径/μm
3	0.067	5.03	0.12	54.54	0.013	65.34	44.07	32.06	0.059	0.03	0.041
9	0.084	3.24	0.17	32.01	0.023	71.85	48.18	32.95	0.069	0.04	0.053
14	0.174	1.48	0.50	19.56	0.038	66.32	48.37	28.15	0.276	0.19	0.195
18	0.054	3.25	0.17	99.97	0.007	21.36	13.92	30.18	0.163	0.07	0.070
22	0.039	5.03	0.12	99.96	0.007	28.28	16.26	38.97	0.081	0.03	0.031
29	0.053	5.03	0.12	63.73	0.011	53.82	38.79	26.92	0.046	0.04	0.051
31	0.062	2.98	0.25	99.96	0.007	24.12	14.69	36.54	0.097	0.05	0.055
39	0.287	2.09	0.35	8.29	0.089	88.51	68.80	22.28	0.165	0.11	0.121
41	0.189	2.10	0.35	9.71	0.076	83.70	63.26	24.31	0.184	0.12	0.130
42	0.145	1.47	0.50	38.31	0.019	70.35	51.86	25.28	0.201	0.10	0.092
49	0.059	3.25	0.17	99.96	0.007	33.32	23.66	31.06	0.072	0.03	0.039

　　为进一步了解不同孔喉半径与单根喉道渗透率贡献值之间的关系,对 14 块岩心进一步划分与研究。其中,包括不同渗透率级别岩心对应的单根喉道渗透率贡献值与孔喉半径关系、低渗透率岩心对应的单根喉道渗透率贡献值与孔喉半径关系、高渗透率岩心对应的单根喉道渗透率贡献值与孔喉半径关系、相似孔喉结构岩心对比等,如图 2-37~图 2-41 所示。

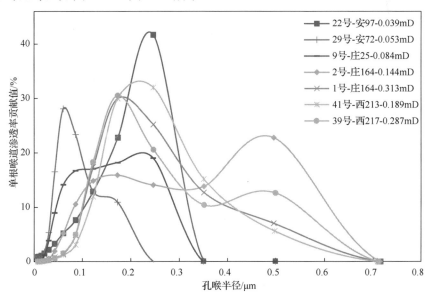

图 2-37　不同渗透率级别岩心对应的单根喉道渗透率贡献值与孔喉半径关系曲线

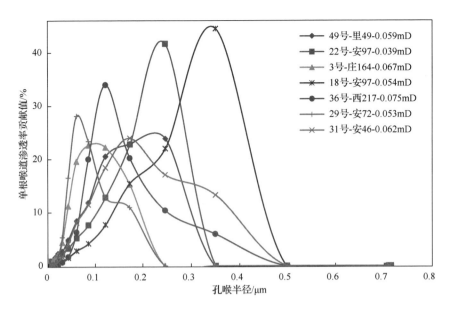

图 2-38　低渗透率岩心对应的单根喉道渗透率贡献值与孔喉半径关系曲线

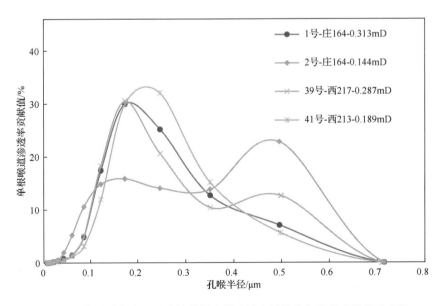

图 2-39　高渗透率岩心对应的单根喉道渗透率贡献值与孔喉半径关系曲线

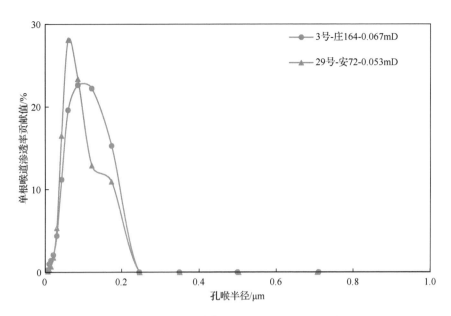

图 2-40　相似孔喉结构岩心对比（3 号和 29 号）

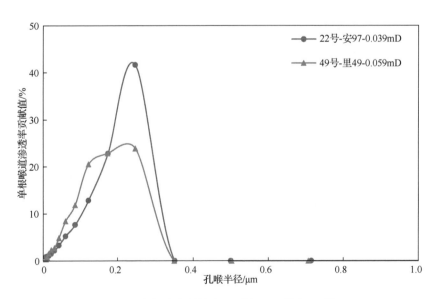

图 2-41　相似孔喉结构岩心对比（22 号和 49 号）

从单根喉道渗透率贡献值曲线图 2-37～图 2-39 可以看出：低渗透率（小于
0.1mD）岩心喉道半径分布一般小于 0.5μm，只有一个分布峰值；高渗透率（大于
0.1mD）岩心喉道半径分布一般小于 0.7μm，有两个分布峰值，一个峰值小于 0.4μm，

另一个峰值大于 0.4μm。由相似孔喉结构岩心对比图 2-40 和图 2-41 可以看出：孔喉结构相似的岩心渗透率值都很相近，渗透率相近的岩心，孔喉结构差异一般也不大。

　　为了研究渗透率与排驱压力、最大孔喉半径、最大进汞饱和度、残余汞饱和度、退汞效率、主流喉道半径、主流喉道最小半径、平均孔喉半径、中值半径、分选系数之间的关系，分别对它们做了相关性分析，如图 2-42～图 2-51 渗透率与各因素关系所示。

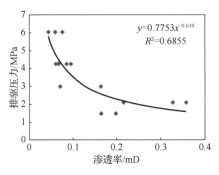

图 2-42　渗透率与排驱压力关系

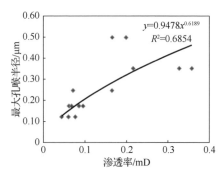

图 2-43　渗透率与最大孔喉半径关系

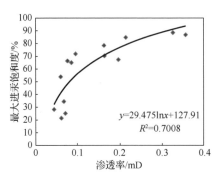

图 2-44　渗透率与最大进汞饱和度关系

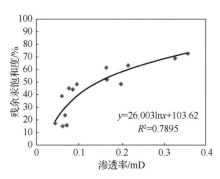

图 2-45　渗透率与残余汞饱和度关系

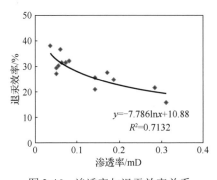

图 2-46　渗透率与退汞效率关系

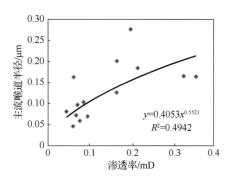

图 2-47　渗透率与主流喉道半径关系

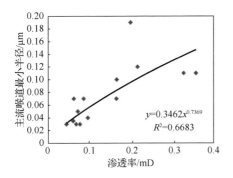

图 2-48 渗透率与主流喉道最小半径关系

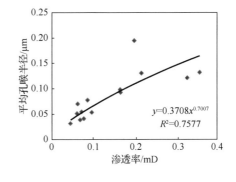

图 2-49 渗透率与平均孔喉半径关系

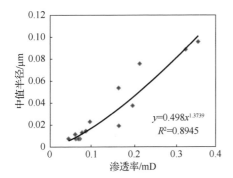

图 2-50 渗透率与中值半径关系

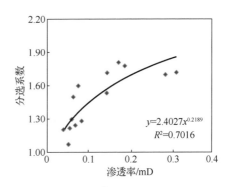

图 2-51 渗透率与分选系数关系

由图 2-42～图 2-51 渗透率与各因素关系可以发现：这些参数都与渗透率有一定的相关性，除排驱压力和退汞效率与渗透率呈负相关外，其他因素与渗透率呈正相关。

2.7.4 油水毛管压力曲线转化

将压汞毛管压力 P_{cHg} 转换成油水毛管压力 P_{cwo} 的转换系数为

$$C = \frac{P_{cHg}}{P_{cwo}} = \frac{\sigma_{Hg} \cos \theta_{Hg}}{\sigma_{wo} \cos \theta_{wo}} \qquad (2\text{-}10)$$

式中，C 为压汞毛管压力与油水毛管压力的比值或转换系数，无量纲；σ_{Hg} 为汞的界面张力，N/m；θ_{Hg} 为汞对岩石的润湿角，°；σ_{wo} 为油水界面张力，N/m；θ_{wo} 为油水系统对岩石的润湿角，°。

在大气压及常温条件下，用旋滴法测得煤油和蒸馏水的油水界面张力为

10.7mN/m；用光学投影法测得煤油和地层水的润湿角为 45.8°～58.9°，取平均值 50°；汞界面张力为 480mN/m；汞对岩石的润湿角为 140°，计算得到转换系数 C 值为

$$C = \frac{P_{cHg}}{P_{cwo}} = \frac{\sigma_{Hg}\cos\theta_{Hg}}{\sigma_{wo}\cos\theta_{wo}} = \frac{480\times\cos140°}{10.7\times\cos50°} = 53.46 \tag{2-11}$$

利用转化系数对压汞毛管压力曲线进行转化，图 2-52 为转化前压汞毛管压力曲线，图 2-53 为转化后油水毛管压力曲线。

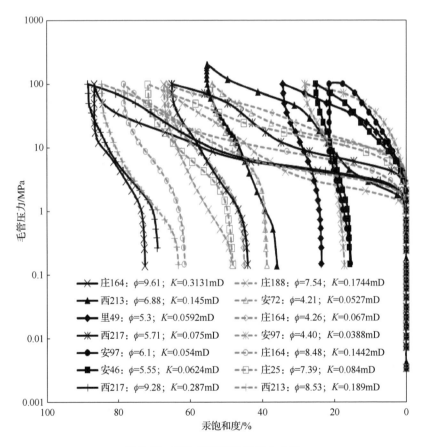

图 2-52 转化前压汞毛管压力曲线

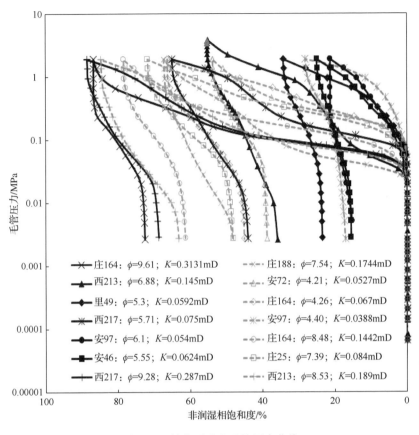

图 2-53　转化后油水毛管压力曲线

2.8　相对渗透率曲线测试及分析

2.8.1　实验原理

1. 致密油储层相对渗透率测试适用性探讨

岩石中两相流体相对渗透率测定一般分为油水相对渗透率测定和气液相对渗透率测定两种情况，每种情况可以分为稳态法和非稳态法两种测定方法，其中稳态法适用的岩心渗透率稍大一些。依据石油天然气行业标准 SY/T 5345—2007《岩石中两相流体相对渗透率测定方法》[9]规定可知：稳态法油水相对渗透率测定适用于空气渗透率大于 50mD 的岩样；稳态法气水相对渗透率测定适用于空气渗透率范围在 0.5～1000mD 的岩样；非稳态法油水和气油相对渗透率测定适用于空气渗透率大于 5mD 的岩样；非稳态法气水相对渗透率测定适用于空气渗透率大于 0.01mD 的岩样。

　　稳态法测定油水相对渗透率的基本理论依据是一维达西定律，并且忽略毛管压力和重力作用，假设两种流体不互溶且不可压缩。实验时在总流量不变的情况下，将油水按一定流量比例同时恒速注入岩样，当进口、出口压力及油水流量稳定时，岩样含水饱和度不再变化，此时油水在岩样孔隙内的分布是均匀的，达到稳定状态，油和水的有效渗透率值是常数。因此，可利用测定岩样进口、出口压力及油水流量，由达西定律直接计算出岩样的油水有效渗透率及相对渗透率值，用称重法或物质平衡法计算出岩样响应的平均含水饱和度。改变油水注入流量比例，就可得到一系列不同含水饱和度时的油水相对渗透率值，并由此绘制出油水相对渗透率曲线。

　　非稳态法油水相对渗透率测定是以 Buckley-Leverett[10] 的一维两相水驱油前缘推进理论为基础，忽略毛管压力和重力作用，假设两相不互溶流体且不可压缩，岩样任一横截面内油水饱和度是均匀的。实验时不是同时向岩心中注入两种流体，而是将岩心事先用一种流体饱和，然后用另一种流体进行驱替。在水驱油过程中，油水饱和度在多孔介质中的分布是距离和时间的函数，这个过程称为非稳定过程。按照模拟条件的要求，在油藏岩样上进行恒压差或恒速度水驱油实验，在岩样出口端记录每种流体的产量和岩样两端的压力差随时间的变化，用 JBN（Johnson-Bossler-Naumann）方法计算得到油水相对渗透率，并绘制油水相对渗透率与含水饱和度关系曲线。

　　一般认为，稳态法测定油水相对渗透率：对于高渗储层，稳定时间短、测定速度快、测定结果准确可靠；对于低渗特低渗储层，稳定时间长、稳定状态很难达到。因此，测试过程中的测试速度、测试准确性都会受到一定的影响。对于非稳态法油水相对渗透率测定，致密油储层渗透率低，明显不满足该方法对测试渗透率范围的要求。但目前各油田仍主要沿用该方法进行低渗特低渗储层相对渗透率测定，除此之外，也没有更好的方法。根据以往分析实验的工作经验，对于渗透率大于 0.3mD 的大部分岩心，利用该法仍可以测出不同时刻的产油量、产水量等数据，并利用 JBN 方法计算出相对渗透率曲线数据。由于渗流理论发展的相对滞后性，虽然 JBN 方法用于计算低渗特低渗储层相对渗透率曲线资料的适用性一直受到质疑，但并没有更好的理论计算方法替代。

　　2. 测试流程及方法原理

　　在实验前先按流程图组装测试流程，按 SY/T 5345—2007《岩石中两相流体相对渗透率测定方法》[9] 测试标准对岩心进行处理，并抽空饱和模拟地层水；岩心进流程后，先用所配制的模拟原油进行驱替，直至达到束缚水条件，并检测最后油相的渗透率；然后用注入水进行模拟注水开采直至含水 99.9%。注水压力选用固定压力，注水压差按 $\pi_1 \leqslant 0.6$ 确定，其公式如下：

$$\pi_1 = \frac{10^{-3} \sigma_{ow}}{\sqrt{\dfrac{K}{\Phi}} \cdot \Delta p} \tag{2-12}$$

式中，σ_{ow} 为油水界面张力，mN/m；K 为空气渗透率，mD；Φ 为孔隙度，小数；Δp 为压差，MPa。按时记录岩样出口端每种流体的排出量和岩样两端的压力差。

试验数据处理应用 JBN 方法，其主要的公式如下：

$$K_{ro}(S_{we}) = f_o(S_{we}) \frac{d\dfrac{1}{\overline{V}(t)}}{d\dfrac{1}{I\overline{V}(t)}} \tag{2-13}$$

$$K_{rw}(S_{we}) = K_{ro}(S_{we}) \cdot \frac{\mu_w}{\mu_o} \cdot \frac{f_w(S_{we})}{f_o(S_{we})} \tag{2-14}$$

$$S_{we} = S_{wi} + \overline{V}_o(t) - f_o(S_{we}) \cdot \overline{V}(t) \tag{2-15}$$

$$I = \frac{KA\Delta P(t)}{\mu_o LQ(t)} \times 10 \tag{2-16}$$

式中，$K_{ro}(S_{we})$ 为出口端饱和度时油相相对渗透率，无量纲；$K_{rw}(S_{we})$ 为出口端饱和度时水相相对渗透率，无量纲；S_{we} 为出口端含水饱和度，小数；$\overline{V}(t)$ 为无量纲累积注水量（$\overline{V}(t)=V_t/V_p$，V_t 为累积注水量，V_p 为岩样孔隙体积）；$\overline{V}_o(t)$ 为无量纲累积产油量（$\overline{V}_o(t)=V_o/V_p$，$V_o$ 为累积产油量）；I 为流动能力，无量纲；K 为岩样空气渗透率，mD；A 为岩样截面积，m^2；L 为岩样长度，m；$Q(t)$ 为 t 时刻出口端流量，m^3/s；$\Delta P(t)$ 为 t 时刻岩样两端压差，MPa；f_o 为含油率，小数；f_w 为含水率，小数；μ_w 为水黏度，mPa·s；μ_o 为油黏度，mPa·s。

2.8.2　实验结果分析

本次实验共测试岩心 6 块，分别为庄 25 井 55 号岩心、安 97 井 56 号岩心、安 72 井 57 号岩心、西 213 井 58 号岩心、西 217 井 59 号岩心和里 49 井 60 号岩心。表 2-23 为相对渗透率曲线测试岩心基础参数列表，相对渗透率曲线以及注入 PV 数与采收率 R_o 和含水率 f_w 的关系如图 2-54～图 2-59 所示，其中图（a）为相对渗透率曲线图，图（b）为注入 PV 数与采收率和含水率关系图。

表 2-23　相对渗透率曲线测试岩心基础参数列表

编号	井号	深度/m	地区	长度/cm	直径/cm	孔隙度/%	相对渗透率/mD
55	庄 25	1734.2	合水	3.314	2.515	5.94	0.033
56	安 97	2149.76	定边	3.342	2.509	5.92	0.014
57	安 72	2410	姬塬	3.374	2.516	6.24	0.030
58	西 213	2073.4	陇东	3.31	2.512	5.04	0.190
59	西 217	2036.18	庆城	3.284	2.515	5.03	0.076
60	里 49	2197	华池	3.352	2.515	6.37	0.013

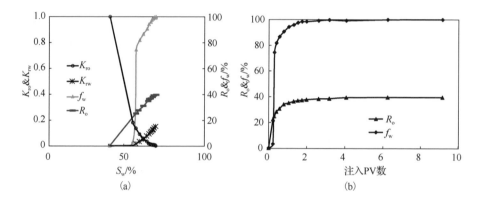

图 2-54　庄 25 井 55 号岩心相对渗透率曲线测试数据

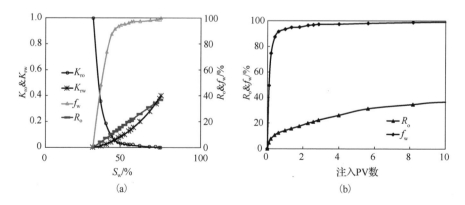

图 2-55　安 97 井 56 号岩心相对渗透率曲线测试数据

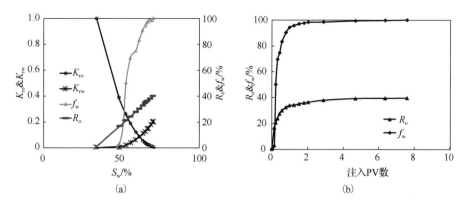

图 2-56　安 72 井 57 号岩心相对渗透率曲线测试数据

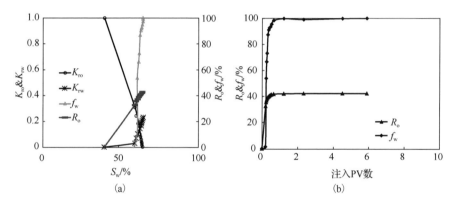

图 2-57　西 213 井 58 号岩心相对渗透率曲线测试数据

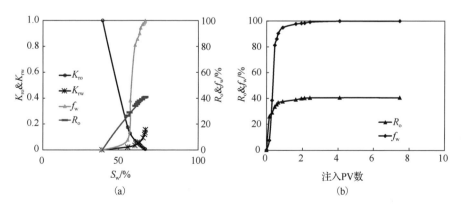

图 2-58　西 217 井 59 号岩心相对渗透率曲线测试数据

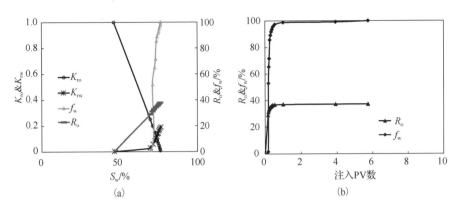

图 2-59　里 49 井 60 号岩心相对渗透率曲线测试数据

可以从相对渗透率曲线图中得到各个岩心的相关测试数据，如无水期驱油效率、含水 98%驱油效率、最终驱油效率、束缚水饱和度、残余油饱和度、两相区范围等，岩心相对渗透率曲线统计数据汇总如表 2-24 所示。

表 2-24　岩心相对渗透率曲线统计数据汇总

编号	井号	无水期驱油效率/%	含水 98%驱油效率/%	最终驱油效率/%	束缚水饱和度/%	残余油饱和度/%	两相区范围/%
55	庄 25	22.37	36.31	39.56	39.61	30.83	39.61～69.17
56	安 97	3.75	31.28	36.22	31.27	24.55	31.27～75.45
57	安 72	15.5	35.3	39.52	33.96	29.24	33.96～70.76
58	西 213	32.63	41.82	42.29	39.33	34.74	39.33～65.26
59	西 217	25.03	39.96	40.62	38.32	33.69	38.32～66.31
60	里 49	29.11	36.01	36.21	45.72	23.67	45.72～72.33

采收率是反映油田开发效果的一个综合指标，它与油藏构造类型、储层特征、流体性质、开发方式和工艺技术水平等各种因素密切相关。不同渗透率的储层采收率相差很大，为了研究不同渗透率岩心下的储层采收率和含水率的关系，绘制了含水率与采收率关系曲线，如图 2-60 所示。

为了进一步研究这六块不同渗透率的岩心和其束缚水饱和度与残余油饱和度之间的关系，绘制了束缚水饱和度和残余油饱和度与渗透率关系曲线，如图 2-61 所示。

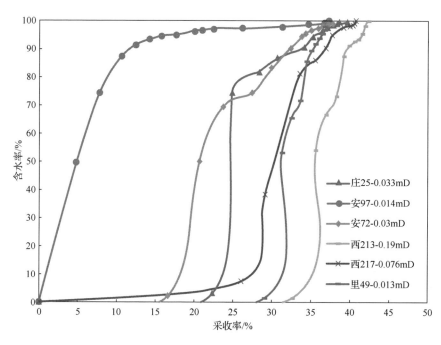

图 2-60　含水率与采收率关系曲线

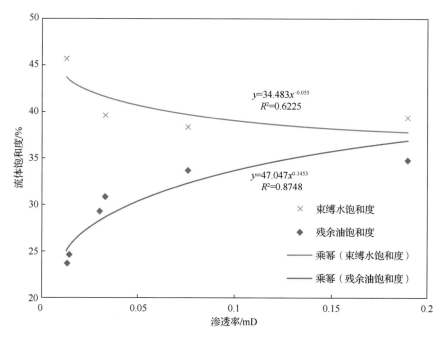

图 2-61　束缚水饱和度和残余油饱和度与渗透率关系曲线

从图 2-54～图 2-59 岩心相对渗透率曲线测试数据可以看出：六块岩心测试中，束缚水饱和度分布范围为 30%～46%、残余油饱和度分布范围为 23%～35%、两相区范围大多分布在 23%～44%。从图 2-60 含水率与采收率关系曲线可以得出：随着岩心渗透率的不断降低，无水采油期采出程度越来越小，含水上升期规律由凹型逐渐变化到 S 型、凸型，采收率和含水率呈正相关，这六块岩心当含水率为 100%时，最大采收率均可达 35%以上。从图 2-61 束缚水饱和度和残余油饱和度与渗透率关系曲线中可以得出：束缚水饱和度随着渗透率的增加而降低，残余油饱和度随着渗透率的增大而增加，都有较好的相关性。

2.9　致密砂岩储层分类及分类标准

为了能全面地反映储层结构特性，更客观地认识鄂尔多斯盆地中生界长 7 致密油储层内流体的渗流规律。结合鄂尔多斯盆地延长组长 7 致密油储层特点，开展鄂尔多斯盆地中生界长 7 致密油储层分类评价研究，建立新的适应鄂尔多斯盆地中生界长 7 致密油储层特点的分类评价参数体系，对长庆油田中生界长 7 致密油储层有效开发技术攻关有着重要的意义。

储层微观孔隙结构特征和渗流规律是反映和评价储层品质和开发效果的直接因素。只有认识储层特征、明确储层微观孔隙结构特征和孔隙内流体的渗流规律，才能科学指导油藏的有效开发。开展储层分类评价研究，就是系统地研究储层的不同类型与特点，为油藏工程研究、开发技术政策研究、增产措施研究提供可靠的基础。

2.9.1　储层分类现状

关于致密砂岩储层的概念和分类评价标准，目前认识未能完全统一。鄂尔多斯盆地中生界延长组长 7 段是典型的致密油储层，自身独有的特征与实际概念相差较大，其理论和评价手段不能非常好地应用于实际生产中。

目前，常用的油藏分类参数与方法主要以沉积相、岩石学、岩性学、结合成岩、储层物性等进行综合分析，这种分类评价方法较好地从宏观的角度定性地反映了储层的主要特点。但是这种方法对于分类评价标准的界定，不同的研究者认识不同，可能就会产生不同的分类标准，从而得出不同的评价结果，而且往往相差比较大。

在储层综合评价分类中，参数的选择比较重要。在选择有效参数时应该考虑到以下几点：①以研究各单项参数对储层特征的影响程度及各参数间的相互关系为依据；②参考研究区的具体特点，选择有代表性、可比性和实用性的参数。

储层分类评价常用的参数包括：孔隙度、渗透率、储层厚度、启动压力梯度、可动流体、采收率、储层品质指数、平均孔喉半径、主流喉道半径、最大进汞饱和度、分选系数、排驱压力等，分别从储层微观孔隙结构特征和孔隙内流体的渗流规律不同角度反映了储层的特点。

2.9.2　储层评价参数建立

储层分类评价的影响因素分析表明，储层孔隙度、渗透率、储层品质指数、平均孔喉半径、主流喉道半径、最大进汞饱和度、分选系数、排驱压力等，在不同状态下对储层影响具有独立性和叠合作用。

本次实验选取了反映微观孔隙结构的特征参数储层品质指数（reservoir quality index，RQI）作为研究储层品质的主题参数对象[11]。RQI 的计算公式如下：

$$RQI = 0.0314\sqrt{K / \varPhi} \tag{2-17}$$

式中，RQI 为储层品质指数，μm；K 为渗透率，mD；$\varPhi$ 为孔隙度，小数。

从式（2-17）可以看出，储层品质指数是把储层结构和矿物地质特征、孔喉特征结合起来判定孔隙几何相的一个参数，可以准确地描述油藏的非均质特征。研究表明，储层品质指数越大，储层性质越好；反之，则储层性质越差。

储层品质指数与孔隙度、渗透率、平均孔喉半径、主流喉道半径、最大进汞饱和度、分选系数、排驱压力、退汞效率之间存在相关性。

影响储层品质指数的因素是多方面的，在空间分布上也属于多维的，为了更方便地建立储层品质指数评价图版，采用降维的方法，将多种影响因素合成一种综合影响因子 f，绘制出不同 f 值的储层品质指数及其影响参数图版，以解决储层品质指数分布及评价的问题。

由图 2-62 油藏储层品质指数的关联参数对比分析中的各项拟合公式，模拟综合影响因子 f，公式如下：

$$
\begin{aligned}
f = &-2.9 \times 10^{-3} \varPhi + 1.27 \times 10^{-1} K^{0.3153} + 1.32 \times 10^{-3} e^{4.4182R} - 3.15 \times 10^{-1} R_{m} \\
&- 3.8 \times 10^{-6} S_{Hg} - 1.29 \times 10^{-3} S + 1.88 \times 10^{-4} \ln P_{c} - 1.09 \times 10^{-4} \ln W \\
&- 2.98 \times 10^{-3}
\end{aligned} \tag{2-18}
$$

式中，f 为综合影响因子；$\varPhi$ 为孔隙度，%；K 为渗透率，mD；R 为平均孔喉半径，μm；R_{m} 为主流喉道半径，μm；S_{Hg} 为最大进汞饱和度，%；S 为分选系数，无量纲；P_{c} 为排驱压力，MPa；W 为退汞效率，%。

储层品质指数综合影响因子 f 是孔隙度、渗透率、平均孔喉半径、主流喉道半径、最大进汞饱和度、分选系数、排驱压力、退汞效率的综合响应，是随着各参数变化的函数。将综合影响因子 f 归一化后，建立归一化 F 值与各参数之间的函数关系图，归一化 F 与主要参数之间的关联性分析如图 2-63 所示。

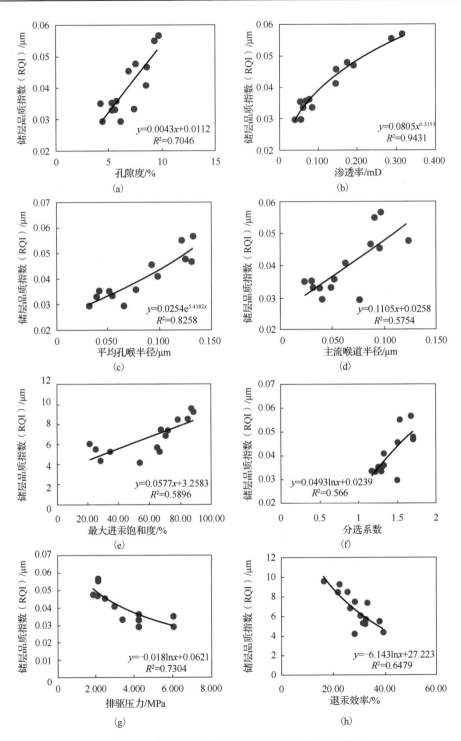

图 2-62　油藏储层品质指数的关联参数对比分析图

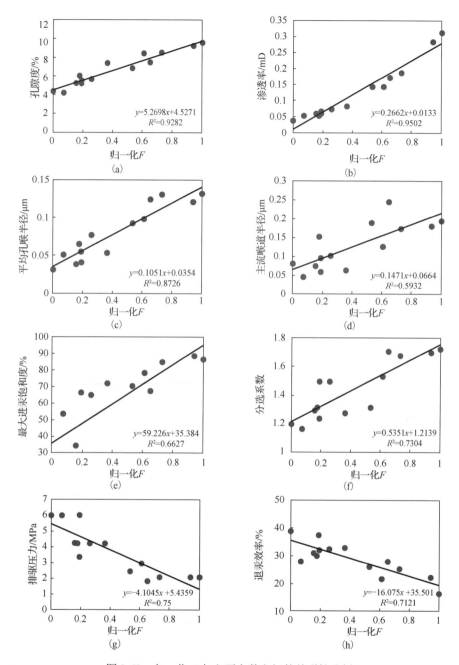

图 2-63　归一化 F 与主要参数之间的关联性分析

通过对比图 2-62 和图 2-63，相对于储层品质指数，归一化 F 值与孔隙度、渗透率、平均孔喉半径、主流喉道半径、最大进汞饱和度、分选系数、排驱压力、退汞效率的相关性较好。

经过对比评价，可以看出综合归一化 F 值与储层品质指数有很好的相关性，储层品质指数与归一化 F 值相关关系如图 2-64 所示。

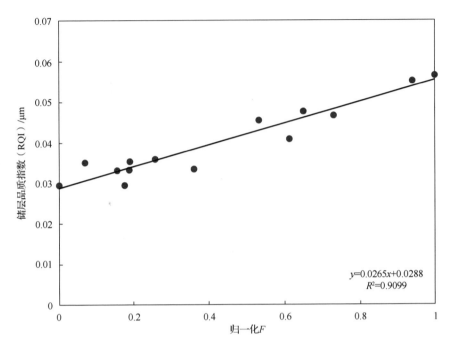

图 2-64　储层品质指数与归一化 F 值相关关系

2.9.3　储层综合分类

通常所提的聚类分析（cluster analysis）是研究"物以类聚"的一种方法，有人称为群分析、点群分析、簇群分析等。由于客观事物的千差万别，在不同问题中，"类"的定义是不尽相同的，基本的原则是同一类中的事物比较相似，或者是它们之间的距离比较小，这里的距离有欧氏距离、绝对距离等。简而言之，聚类分析就是根据事物本身的特性，按照一定的类定义准则对所研究的事物进行分类的多元统计分析方法。

聚类分析采用的算法是最小化与类均值间距离平方和的标准迭代算法，其结果是高效率地生成大数据文件的不相交的分类。

从统计学角度看，快速聚类分析过程是寻找初始分类的有效方法，是由 MacQueen 于 1967 年提出的，快速聚类分析是由用户指定类别数的大样本资料的逐步聚类分析。

快速聚类分析算法是首先选取一些"凝聚点"或初始中心作为这些类均值的

第一次猜测值，把每一个预测值分配到与它最接近的"凝聚点"所代表的类中心来形成临时分类，然后用这些临时分类的均值代替初始"凝聚点"。该代替过程一直进行下去，直到分成的这些类中再没有什么变化或达到规定的限制条件为止。分类迭代过程中，类中心的变化过程经过满足设定收敛依据后结束，并给出每次迭代之后新的凝聚点与初始凝聚点的距离。最终的分类由分配的每一个观测点到最近的凝聚点而形成。

采用常规聚类分析方法，储层基础特征的宏观参数适用于常规储层与低渗特低渗透储层，但对于致密砂岩储层进行描述和划分评价误差较大。为了解决该问题，本次研究在此前研究基础上，选取孔隙度、渗透率、平均孔喉半径、主流喉道半径、最大进汞饱和度、分选系数、排驱压力、退汞效率 8 元分类系数，从微观的角度对致密砂岩储层进行更加详细的划分评价。

在储层特征研究的基础上，再筛选出孔隙度、渗透率、平均孔喉半径、主流喉道半径、最大进汞饱和度、分选系数、排驱压力、退汞效率 8 个致密油储层分类参数，采用 grapher 数据统计软件进行多元回归。在储层评价中参考储层基本特征、渗流或生产特征，采用 8 元分类系数进行聚类分析，最终将储层分为三类，鄂尔多斯中生界延长组长 7 储层综合分类评价表如表 2-25 所示，储层分类图如图 2-65 所示。

表 2-25　鄂尔多斯中生界延长组长 7 储层综合分类评价表

参数类型	I 类	II 类	III 类
孔隙度/%	>6.0	4.0~9.0	<6.0
渗透率/mD	>0.15	0.05~0.2	<0.1
平均孔喉半径/μm	>0.1	0.05~0.15	<0.1
主流喉道半径/μm	>0.2	0.065~0.2	<0.125
最大进汞饱和度/%	>65	60~80	<65
分选系数	>1.5	1.0~2.0	<1.5
排驱压力/MPa	<2.5	1.5~6.5	>3.0
退汞效率/%	>30	20~35	<25
储层品质指数/μm	>0.04	0.03~0.05	<0.04
归一化 F	>0.6	0.2~0.7	<0.25

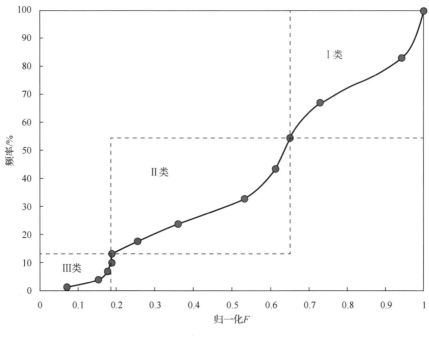

图 2-65　储层分类图

（1）Ⅰ类储层：孔隙度＞6.0%、渗透率＞0.15mD、平均孔喉半径＞0.1μm、主流喉道半径＞0.2μm、最大进汞饱和度＞65%、分选系数＞1.5、排驱压力＜2.5MPa、退汞效率＞30%、储层品质指数＞0.04μm、归一化 F 值＞0.6。

（2）Ⅱ类储层：孔隙度为 4.0%～9.0%、渗透率为 0.05～0.2mD、平均孔喉半径为 0.05～0.15μm、主流喉道半径为 0.065～0.2μm、最大进汞饱和度为 60%～80%、分选系数为 1.0～2.0、排驱压力为 1.5～6.5MPa、退汞效率为 20%～35%、储层品质指数为 0.03～0.05μm、归一化 F 值为 0.2～0.7。

（3）Ⅲ类储层：孔隙度＜6.0%、渗透率＜0.1mD、平均孔喉半径＜0.1μm、主流喉道半径＜0.125μm、最大进汞饱和度＜65%、分选系数＜1.5、排驱压力＞3.0MPa、退汞效率＜25%、储层品质指数＜0.04μm、归一化 F 值＜0.25。

参 考 文 献

[1] 邹才能, 陶士振, 侯连华, 等. 非常规油气地质学[M]. 北京: 地质出版社, 2011.

[2] 鲍俊军, 乌永兵. 铸体薄片的制片方法[J]. 辽宁化工, 2019, 48(6): 531-533.

[3] 冯玉琪. 岩心分析技术研究综述[J]. 化工管理, 2016(35): 243.

[4] 张增旺. 岩心元素扫描仪的设计[J]. 机械制造, 2021, 59(5): 25-27, 37.

[5] COUPER A, NEWTON R, NUNN C. A simple derivation of Vonnegut's equation for the determination of interfacial tension by the spinning drop technique[J]. Colloid & Polymer Science, 1983, 261(4): 371-372.

[6] 刘洋. 壬基酚聚氧乙烯醚水溶液与原油组分界面张力的研究[D]. 天津: 河北工业大学, 2010.

[7] YOUNG T. An essay on the cohesion of fluids[J]. Philosophical Transactions of the Royal Society of London, 1805(95): 65-87.

[8] 中国国家标准化管理委员会. 岩石毛管压力曲线的测定: GB/T 29171—2012[S/OL]. 北京: 中国标准出版社, 2013-07-01.

[9] 国家发展和改革委员会. 岩石中两相流体相对渗透率测定方法: SY/T 5345—2007[S]. 北京: 中国标准出版社, 2008-03-01.

[10] BUCKLEY S E, LEVERETT M C. Mechanism of fluid displacement in sands[J]. Transactions of the AIME, 1942, 146(1): 107-116.

[11] 汪新光, 张冲, 张辉, 等. 基于微观孔隙结构的低渗透砂岩储层分类评价[J]. 地质科技通报, 2021, 40(4): 93-103.

第3章 致密砂岩储层渗吸主控因素分析

裂缝性致密油藏常规注水开发难度较大，利用渗吸作用进行采油是一种经济有效的开发方式。所谓渗吸采油，就是润湿相流体（水）在毛管压力的作用下进入基质岩块，将非润湿相流体（原油）置换到裂缝中的采油方式。致密砂岩储层渗吸驱油的研究，大多致力于各影响因素与岩心驱油效率、驱油速率等之间的关系。为进一步量化表征各影响因素对于致密砂岩储层渗吸驱油影响的强弱，本章通过渗吸实验研究岩心尺寸、储层品质指数、界面张力、润湿性、矿化度、初始含水、原油黏度等因素对渗吸效果的影响，并针对三个区块进行实验，分析影响致密砂岩渗吸的主控因素，验证所建立的储层渗吸效率值恢复方法的准确度，并对储层渗吸效率进行归一化分析。

3.1 实验装置及方法流程

3.1.1 实验装置及方法原理

实验室研究渗吸的方法有许多种，如利用核磁共振技术观测岩心不同孔径孔隙中氢离子的含量[1,2]，利用 CT 扫描技术监测岩心在不同时间下含水饱和度的变化等[3]。然而，目前实验室中最常用、最简便经济的方法主要为体积法和质量法两种[4-6]，下面对于这两种方法进行简单的介绍。

1）体积法

体积法的实验装置是一个由玻璃制成的渗吸仪，它的下部是一个可以盛放岩心的玻璃瓶，上部是一个带有刻度可读数的毛细计量管。实验时将制成的岩心放入下部的玻璃瓶中，倒入所要研究的渗吸溶液，然后将上部的毛细计量管和盛放岩心与渗吸溶液的玻璃瓶相连接，最后调整液面高度到毛细计量管的合适位置。实验过程中岩心渗吸出的油滴由于密度不同会聚集在毛细管中，通过读取毛细管中刻度的读数就可以得到岩心在不同时间内渗吸出的油的体积。该方法的原理是通过毛细管可以计量出岩心在不同时刻所渗吸出的油的体积 V_o，渗吸出油的质量 $M_o = \rho_o \times V_o$，岩心饱和前后的质量差 ΔM 可以通过饱和前后的称重得出，所以采收率 $R = \dfrac{M_o}{\Delta M} \times 100\%$，因此就可以得出不同时间所对应的采收率，进而可以得到采收率与时间的关系曲线[7]。体积法实验装置示意图如图 3-1 所示。

2）质量法

质量法的实验装置是由天平一端连接电脑，另一端连接岩心组成的。连接的岩心浸没在盛有渗吸溶液的烧杯中，高精度电子天平可以实时记录岩心的质量，电脑的数据采集系统连接到天平，可以采集到不同时间下岩心的质量，具体连接方式如图 3-2 质量法实验装置示意图所示。

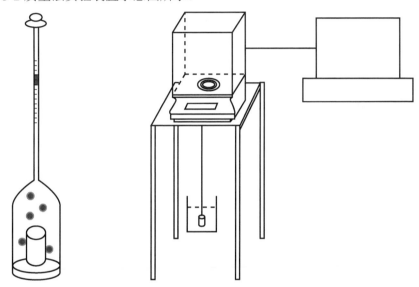

图 3-1　体积法实验装置示意图　　　　图 3-2　质量法实验装置示意图[8]

渗吸发生时，润湿相驱替出岩心中的非润湿相，它们之间发生置换，该方法的原理是因为润湿相与非润湿相发生置换，而润湿相与非润湿相的密度不同将会导致岩心的质量变化，所以通过记录不同时刻下岩心的质量变化就可以得到岩心的渗吸情况，具体的计算如下所示。

渗吸出的油量为

$$M_{\mathrm{o}} = \frac{M_0 - M_t}{\rho_{\mathrm{w}} - \rho_{\mathrm{o}}} \times \rho_{\mathrm{o}} \tag{3-1}$$

式中，ρ_{w} 与 ρ_{o} 分别为润湿相与非润湿相的密度，kg/m³；M_0 与 M_t 分别为岩心在渗吸开始时和 t 时刻的质量，kg。

因此，采收率的计算公式为

$$R = \frac{M_{\mathrm{o}}}{\Delta M} \times 100\% \tag{3-2}$$

式中，ΔM 为岩心饱和前后的质量差，kg。

3.1.2 实验步骤

1）实验设备

梅特勒高精度电子天平、烧杯、实验台、电脑、恒温箱、鱼线、挂钩、渗吸瓶、橡胶管、玻璃棒、保鲜膜等。

2）实验材料

标准岩心、煤油、油溶红、蒸馏水、凡士林、氯化钠（NaCl）、硫酸钠（Na_2SO_4）、碳酸氢钠（$NaHCO_3$）、氯化钙（$CaCl_2$）、氯化镁（$MgCl_2$）、氯化钾（KCl）、三种表面活性剂 ZQ、ZJ 和 ZP 等。

实验用水：①蒸馏水；②按比例配制成的不同矿化度的盐水；③按比例配制成的不同浓度的表面活性剂溶液。

实验用油：①煤油与油溶红按比例配制成的模拟油 1；②煤油与原油按比例配制成的模拟油 2。

3）实验步骤

（1）利用岩心切割机、岩心钻取机、岩心打磨机将现场取得的岩心制成标准岩心，岩心直径为 2.5cm 左右，长度为 4～5cm。

（2）将制成的标准岩心清洗、洗油、烘干至恒重，记录岩心质量 m_1，并测孔隙度、渗透率等参数。

（3）接着饱和地层水，然后利用驱替装置用配制好的模拟油 1 饱和岩心，最后将饱和好的岩心取出，放入模拟油 2 中老化一段时间。

（4）需要实验时，将浸没在模拟油 2 中的岩心取出，擦去表面浮油开始进行实验。

3.1.3 存在问题

在低渗油藏中渗吸作用的影响因素繁多，作用机理也非常复杂。通过文献调研发现主要存在以下几个问题。

（1）目前，渗吸实验研究（主要是各因素对渗吸的影响规律）存在部分争议，如表面活性剂溶液渗吸、界面张力的降低是否有利于渗吸的进行。

（2）渗吸实验研究多局限于恒温常压下的自发渗吸实验，与真实的油藏条件差异较大，对模拟地层条件下，各生产参数对渗吸的影响研究较少。

（3）不同的储层与区块由于物性的差异，渗吸的效果也有所差异，各个因素影响渗吸的程度大小也有所不同。

因此，对于每一个具体的区块应该单独研究渗吸作用的影响因素，并且找到主控因素。

在实验室研究渗吸的过程中存在着许多问题，大致分为以下几类。

（1）体积法操作简单，主要适用于高孔、高渗的岩心样品。但对于低孔、低渗或致密岩样，岩石孔喉细小导致渗吸量少、渗吸时间长，以及外界温度、湿度变化引起的润湿相液体的蒸发、组分变化，会对实验结果的准确性造成一定影响。同时该方法由于刻度限制，渗吸速率的测定受到影响。

（2）对于致密砂岩岩心，在实验过程中由于质量法存在"门槛跳跃"和"挂壁现象"等效应以及孔隙度测量的不精确性，得到的实验数据就会出现问题，进而计算所得到的结果就不可信；并且质量法对环境的要求很高，外界环境稍微有一点变化就会导致计量结果的不准确，影响实验的真实情况。

实验过程中存在的这些问题都是不可避免的，因此应该尽量减少人为因素造成的误差，从多个方面来判断实验结果，尽量确保实验结果的准确性。

3.2 渗透率对渗吸效果的影响

为了探究渗透率对渗吸效果的影响，对岩心进行了蒸馏水渗吸实验研究，实验结果如表 3-1 的岩心基本参数所示。

表 3-1 岩心基本参数

编号	井名	地区	孔隙度/%	平均空气渗透率/mD	渗吸稳定时间/h	主流喉道半径/m	平均孔喉半径/m	置换率/%
1	庄 164	合水	9.61	0.313	240	0.164	0.132	29.94
2	庄 164	合水	8.48	0.144	48	0.126	0.098	19.65
3	庄 164	合水	3.26	0.067	72	0.059	0.041	11.05
4	庄 164	合水	3.53	0.0413	36	—	—	13.79
5	庄 164	合水	8.06	0.181	240	—	—	24.76
6	庄 25	合水	3.04	0.0115	192			3.30
7	庄 25	合水	3.87	0.0762	20			13.61
8	庄 25	合水	6.39	0.084	48	0.069	0.053	22.07
9	庄 25	合水	2.00	0.057	144			18.53
10	庄 188	合水	5.57	0.0926	120			19.73
11	庄 188	合水	4.24	0.0571	240			15.43
12	庄 188	合水	6.54	0.174	72	0.276	0.195	18.69
13	庄 188	合水	9.61	0.0871	168			14.35
14	庄 188	合水	8.09	0.0701	216			12.76
15	安 97	定边	3.17	0.042	144			14.35

续表

编号	井名	地区	孔隙度/%	平均空气渗透率/mD	渗吸稳定时间/h	主流喉道半径/m	平均孔喉半径/m	置换率/%
16	安 97	定边	5.10	0.054	144	0.163	0.070	12.43
17	安 97	定边	3.27	0.028	72	—	—	4.66
18	安 97	定边	3.11	0.0468	48	—	—	15.33
19	安 97	定边	3.14	0.0598	96	—	—	13.94
20	安 97	定边	3.40	0.039	240	0.081	0.031	9.81
21	安 72	姬塬	5.47	0.0896	96	—	—	21.36
22	安 72	姬塬	4.55	0.0792	48	—	—	13.12
23	安 72	姬塬	10.28	0.2842	168	—	—	26.45
24	安 72	姬塬	5.04	0.0899	144	—	—	15.22
25	安 72	姬塬	11.05	0.2513	168	—	—	23.73
26	安 72	姬塬	3.21	0.053	96	0.046	0.051	9.57
27	安 46	定边	3.23	0.0453	240	—	—	8.49
28	安 46	定边	4.55	0.062	168	0.097	0.055	9.30
29	安 46	定边	3.05	0.0424	48	—	—	10.70
30	安 46	定边	6.28	0.0373	96	—	—	13.76
31	西 217	庆城	4.71	0.075	168	0.103	0.077	16.56
32	西 217	庆城	9.28	0.287	240	0.165	0.121	23.55
33	西 213	陇东	8.53	0.189	48	0.184	0.130	14.34
34	西 213	陇东	5.88	0.145	168	0.201	0.092	13.34
35	西 213	陇东	6.99	0.1293	168	—	—	8.86
36	西 213	陇东	3.18	0.0511	216	—	—	9.82
37	里 49	华池	10.86	0.3871	216	—	—	30.23
38	里 49	华池	8.16	0.1366	48	—	—	23.34
39	里 49	华池	9.49	0.3264	168	—	—	23.74
40	里 49	华池	3.30	0.0385	240	—	—	13.45
41	里 49	华池	4.30	0.059	192	0.072	0.039	14.23

通过以上数据，得到原油置换率与渗透率的关系如图 3-3 所示。

通过图 3-3 的拟合曲线可以看出：渗透率越高，原油置换率越大，原油置换率随着渗透率的增大而增大，且呈正相关。

综上所述，渗透率对岩心的渗吸效果影响显著，渗透率越高，置换率越大，且置换率与渗透率呈对数增加的关系，渗透率与岩心的渗吸效果呈正相关关系。

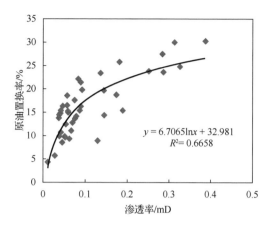

$$y = 6.7065\ln x + 32.981$$
$$R^2 = 0.6658$$

图 3-3　原油置换率与渗透率的关系

3.3　矿化度对渗吸效果的影响

研究矿化度对渗吸效果的影响时，选取了 4 块岩心重复洗油、饱和进行渗吸实验研究，每一块岩心分别进行蒸馏水、矿化度为 15000mg/L 的盐水与矿化度为 45000mg/L 的盐水的渗吸实验，实验岩心的基本参数如表 3-1 所示。

1）4 号岩心实验研究

4 号岩心实验过程中的照片如图 3-4～图 3-6 所示。可以看出：岩心在蒸馏水中渗吸出的油滴数量相对最多、有大有小，渗吸效果最好；其次为在矿化度为 45000mg/L 的盐水中渗吸出的油滴数量略少；在矿化度为 15000mg/L 的盐水中渗吸出的油滴数量最少，渗吸效果最差。

图 3-4　4 号岩心　　　　　　图 3-5　4 号岩心　　　　　　图 3-6　4 号岩心
蒸馏水渗吸　　　　　　15000mg/L 的盐水渗吸　　　　　45000mg/L 的盐水渗吸

4 号岩心置换率随时间的变化关系如图 3-7 所示。因为渗透压的存在，蒸馏水与岩心中饱和盐水的浓度差最大，所以岩心在蒸馏水中渗吸的置换率最大；矿化度为 15000mg/L 的盐水与蒸馏水的浓度差最小，因此岩心在矿化度为 15000mg/L 的盐水中渗吸的置换率最小。

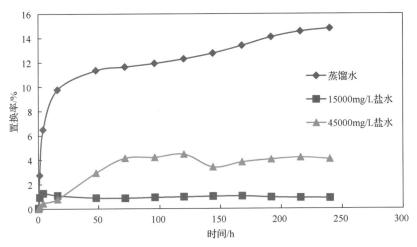

图 3-7　4 号岩心置换率随时间的变化关系

2）8 号岩心实验研究

8 号岩心实验过程中的照片如图 3-8～图 3-10 所示。显然岩心在蒸馏水中渗吸出的油滴大、油量多、分布密度大，渗吸效果最好；其次为在矿化度为 15000mg/L 的盐水中渗吸；在矿化度为 45000mg/L 的盐水中渗吸出的油滴小、油量最少，渗吸效果最差。

图 3-8　8 号岩心　　　　　图 3-9　8 号岩心　　　　　图 3-10　8 号岩心
蒸馏水渗吸　　　　　15000mg/L 的盐水渗吸　　　　45000mg/L 的盐水渗吸

8 号岩心置换率随时间的变化关系如图 3-11 所示，可以看出，岩心在矿化度为 45000mg/L 的盐水中渗吸的置换率＜在矿化度为 15000mg/L 的盐水中渗吸的置换率＜在蒸馏水中渗吸的置换率。因为岩心中有黏土的存在，盐离子对岩心渗吸的作用非常复杂，所以渗透压不再对岩心的渗吸起主要作用。因此，对于岩心中黏土含量比较高的岩心，分析矿化度对该岩心渗吸效果的影响时应该从多方面来考虑。

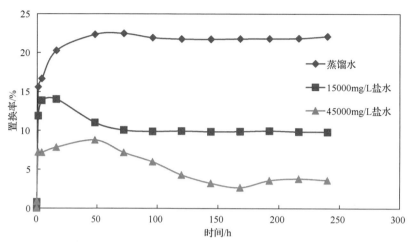

图 3-11　8 号岩心置换率随时间的变化关系

3）17 号岩心实验研究

17 号岩心实验过程中的照片如图 3-12～图 3-14 所示。可以看出：岩心在蒸馏水中渗吸出的油滴最大，油量最多，渗吸效果最好；其次为在矿化度为 15000mg/L 的盐水中渗吸；在矿化度为 45000mg/L 的盐水中渗吸出的油滴有大有小，分布不均，油量最少，渗吸效果最差。

图 3-12　17 号岩心　　　图 3-13　17 号岩心 15000mg/L　　图 3-14　17 号岩心 45000mg/L
蒸馏水渗吸（后附彩图）　　的盐水渗吸（后附彩图）　　　的盐水渗吸（后附彩图）

17 号岩心置换率随时间的变化关系如图 3-15 所示，可以看出，17 号岩心在蒸馏水中渗吸的最终置换率远大于在矿化度为 15000mg/L 的盐水中渗吸的置换率，在矿化度为 45000mg/L 的盐水中渗吸的置换率最小，这个结果与 8 号岩心结果一样。

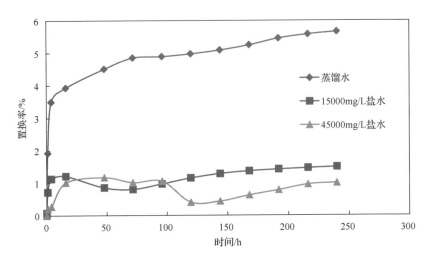

图 3-15　17 号岩心置换率随时间的变化关系

4）38 号岩心实验研究

38 号岩心实验过程中的照片如图 3-16～图 3-18 所示。可以看出：岩心在矿化度为 45000mg/L 与 15000mg/L 的盐水中渗吸出的油滴数量差不多，在蒸馏水中渗吸出的油滴数量最多。因此，38 号岩心在蒸馏水中的渗吸效果最好，在盐水中的渗吸效果比蒸馏水中的渗吸效果差。

图 3-16　38 号岩心　　　　　　图 3-17　38 号岩心　　　　　　图 3-18　38 号岩心
　　蒸馏水渗吸　　　　　　15000mg/L 的盐水渗吸　　　　45000mg/L 的盐水渗吸

38 号岩心置换率随时间的变化关系如图 3-19 所示，可以看出，38 号岩心在蒸馏水中渗吸的最终置换率最大，在矿化度为 15000mg/L 与 45000mg/L 的盐水中渗吸的置换率相近，都比在蒸馏水中渗吸的置换率小。由于黏土的存在，盐离子对岩心渗吸的作用非常复杂，因此不能单纯地利用渗透压来解释渗吸的现象。

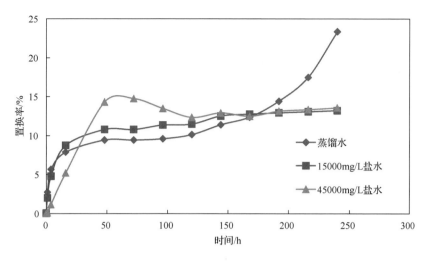

图 3-19　38 号岩心置换率随时间的变化关系

综上所述，矿化度对致密砂岩渗吸有两种作用机理，一种是改变界面张力，另一种是改变渗透压。置换率随矿化度的变化关系如图 3-20 所示。在没有表面活性剂存在的前提下，矿化度对界面张力有较大影响，不能忽略；在表面活性剂存在的前提下，不同矿化度对界面张力的影响不明显，可以忽略。表面活性剂浓度增大，界面张力逐渐减小，当浓度到达一定值时，逐渐趋于平稳。岩心内外浓度差越大，渗透压差就越大，置换率就越高，在实验所研究的范围内，岩心在蒸馏水中渗吸的置换率最大。但是，对于没有表面活性剂参与的高矿化度盐水渗吸过程，盐离子对岩心渗吸的影响非常复杂，对界面张力的影响直接导致了岩心在盐水中的渗吸曲线不稳定。

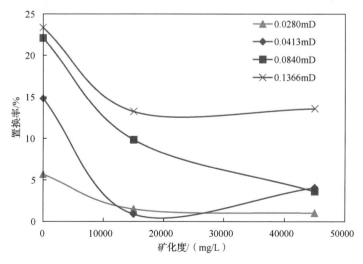

图 3-20　置换率随矿化度的变化关系

3.4　黏度对渗吸效果的影响

实验选取了 3 块岩心来研究黏度对渗吸效果的影响。首先用岩心饱和煤油来进行实验，室温下煤油的黏度为 1.87mPa·s；其次用岩心饱和原油与煤油混合配制的模拟油 2 来进行实验，室温下配制成的模拟油 2 的黏度为 3.23mPa·s；最后用岩心饱和原油来进行实验，室温下原油的黏度为 5.26mPa·s。实验岩心的基本参数如表 3-1 所示。

1）7 号岩心实验研究

7 号岩心实验过程中的照片如图 3-21～图 3-23 所示。可以看出：岩心饱和煤油渗吸出的油滴密集，相对而言油量最多，渗吸效果最好；其次为饱和模拟油 2；岩心饱和原油渗吸出的油滴密度最小，油量最少，渗吸效果最差。这是因为煤油的黏度最小，原油的黏度最大。初步可以说明黏度越大，渗吸效果越差；黏度越小，渗吸效果越好。

图 3-21　7 号岩心饱和　　　　　图 3-22　7 号岩心饱和　　　　图 3-23　7 号岩心饱和
　　煤油渗吸　　　　　　　　　　　模拟油 2 渗吸　　　　　　　　　原油渗吸

7 号岩心置换率随时间的变化关系如图 3-24，可以看出，7 号岩心饱和煤油的置换率＞饱和模拟油 2 的置换率＞饱和原油的置换率。因为煤油的黏度最小，原油的黏度最大，所以可以说明黏度与置换率呈反比例的关系。黏度越大，越不利于渗吸的发生；黏度越小，越有利于渗吸的发生。另外，从图中还可以看出：黏度越小，渗吸速度越快，并且越早达到渗吸稳定状态；黏度越大，渗吸速度越慢，达到渗吸稳定状态所用的时间越长。

2）19 号岩心实验研究

19 号岩心实验过程中的照片如图 3-25～图 3-27 所示。可以看出：19 号岩心饱和原油渗吸出的油滴数量最少，渗吸效果最差；其次为饱和模拟油 2；饱和煤

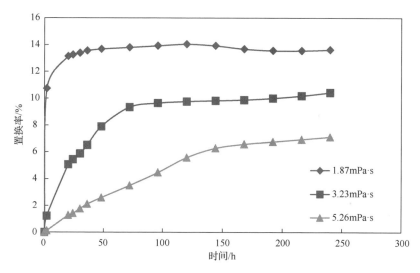

图 3-24　7 号岩心置换率随时间的变化关系

油渗吸出的油滴密集，油量最多，渗吸效果最好。由于煤油的黏度比原油的黏度小，因此可以看出黏度越大，渗吸效果越差；黏度越小，渗吸效果越好。

图 3-25　19 号岩心饱和　　　　图 3-26　19 号岩心饱和　　　　图 3-27　19 号岩心饱和
　　煤油渗吸　　　　　　模拟油 2 渗吸（后附彩图）　　　　　原油渗吸

　　19 号岩心置换率随时间的变化关系如图 3-28 所示，19 号岩心饱和煤油的置换率最大，其次为饱和模拟油 2 的置换率，饱和原油的置换率最小。因为煤油的黏度最小，原油的黏度最大，所以可以说明黏度越大，越不利于渗吸的发生，黏度越小，越有利于渗吸的发生，黏度与置换率呈反比例的关系。另外，从图中可以直观看出：黏度越大，渗吸速度越慢，达到渗吸稳定状态所用的时间越长；黏度越小，渗吸速度越快，达到渗吸稳定状态所用时间越短。

　　3）30 号岩心实验研究

　　30 号岩心实验过程中的照片如图 3-29～图 3-31 所示。相比较而言，30 号岩心饱和煤油渗吸出的油滴数量比饱和模拟油 2 渗吸出的油滴数量略多，岩心饱和

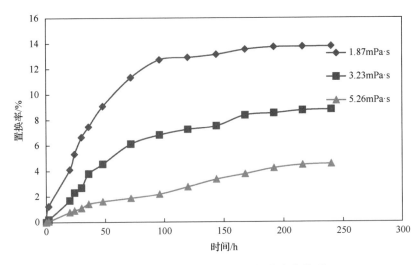

图 3-28　19 号岩心置换率随时间的变化关系

原油渗吸出的油滴数量最少。这是因为煤油的黏度最小，原油的黏度最大。因此，30 号岩心饱和煤油渗吸效果最好，饱和原油渗吸效果最差。初步可以说明黏度与渗吸效果成反比关系，黏度越大，渗吸效果越差。

图 3-29　30 号岩心饱和　　　图 3-30　30 号岩心饱和　　　图 3-31　30 号岩心饱和
　　　煤油渗吸　　　　　　　　模拟油 2 渗吸　　　　　　　　原油渗吸

　　30 号岩心置换率随时间的变化关系如图 3-32 所示。可以看出，30 号岩心饱和煤油的置换率最大，其次为饱和模拟油 2 的置换率，饱和原油的置换率最小。因为煤油的黏度最小，原油的黏度最大，所以可以说明黏度越大，越不利于渗吸的发生，黏度越小，越有利于渗吸的发生，黏度与置换率呈反比例的关系。另外，从图中还可以看出，渗吸速度随黏度增大而减小。

　　综上所述，黏度越小，渗吸速度越快，越早达到渗吸稳定状态。由图 3-33 置换率随黏度的变化关系可以看出，置换率越高，黏度越大，渗吸速度越慢，达到渗吸稳定状态所用的时间越长。

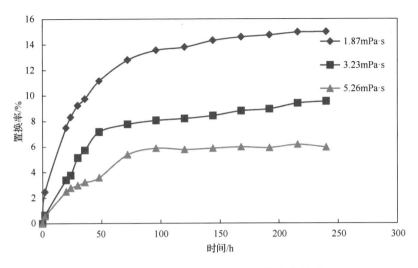

图 3-32　30 号岩心置换率随时间的变化关系

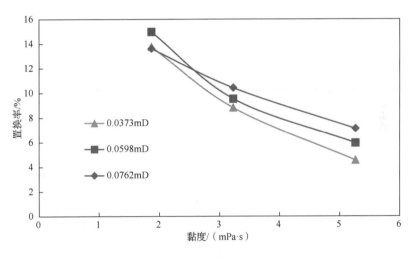

图 3-33　置换率随黏度的变化关系

3.5　温度/压力对渗吸效果的影响

3.5.1　温度对渗吸效果的影响

实验选取了 7 块岩心利用体积法来研究温度对渗吸效果的影响，这些岩心的基本参数如表 3-1 所示。

从图 3-34 温度与置换率的关系曲线中可以看出，置换率随着温度的增大而增大。在常温时，高渗的岩心置换率较大，而当提高温度以后，低渗的岩心比高渗的岩心置换率提高的程度大，且超过了高渗岩心的最终置换率。这说明温度对渗吸效果有影响，且影响程度比较大。

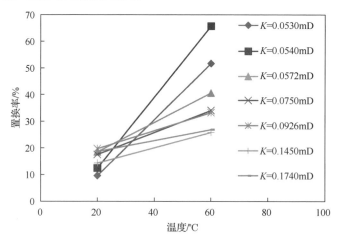

图 3-34　温度与置换率的关系曲线

1）9 号岩心实验研究

9 号岩心实验过程中的照片如图 3-35 和图 3-36 所示。可以直观地看出，9 号岩心在 60℃的条件下渗吸出的油滴数量比在常温条件下渗吸出的油滴大、油量多且密集，说明 9 号岩心在 60℃条件下的渗吸效果比在常温条件下的渗吸效果好。

图 3-35　9 号岩心常温渗吸   图 3-36　9 号岩心 60℃渗吸

9 号岩心置换率随时间的变化关系如图 3-37 所示。可以看出，置换率随着时间先开始不断增加，3 天之后逐渐平稳到一个恒定值，并且 9 号岩心在 60℃条件下的置换率高于常温条件下岩心的置换率，岩心在 60℃条件下的置换率是岩心在常温条件下置换率的约 2.19 倍。

9 号岩心渗吸速度随时间的变化关系如图 3-38 所示。可以看出，9 号岩心的渗吸速度在 1 天后随着时间的增加而不断减小，且初始渗透速度快，3 天以后渗吸速度逐渐平稳，直至降为 0，并且岩心在 60℃条件下的初始渗吸速度大约是常温条件下初始渗吸速度的 2 倍。9 号岩心核磁对比图如图 3-39 所示，从 9 号岩心的渗吸实验可以看出温度对岩心的渗吸效果起到一定影响作用，随着温度升高，岩心的渗吸驱油效率也有一定提高。

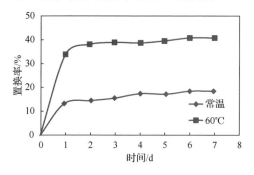

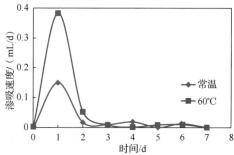

图 3-37　9 号岩心置换率随时间的变化关系　　图 3-38　9 号岩心渗吸速度随时间的变化关系

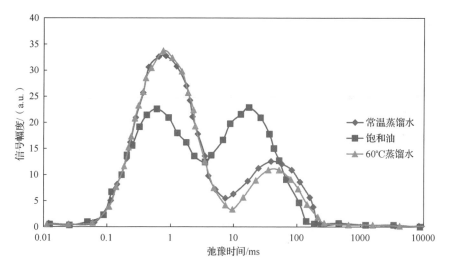

图 3-39　9 号岩心核磁对比图

2）10 号岩心实验研究

10 号岩心实验过程中的照片如图 3-40 和图 3-41 所示。可以看出，10 号岩心在常温条件下渗吸出的油滴比 60℃条件下渗吸出的油滴小，油量略少。这说明 10 号岩心在常温条件下的渗吸效果比在 60℃条件下的渗吸效果差。

10 号岩心置换率随时间的变化关系如图 3-42 所示。可以看出，置换率随着时间的增加先开始不断增加，5 天之后逐渐平稳到一个恒定值，并且 10 号岩心在 60℃条件下的置换率高于常温条件下岩心的置换率，岩心在 60℃条件下的置换率是岩心在常温条件下置换率的约 1.68 倍。

图 3-40　10 号岩心常温渗吸　　　　　　　　图 3-41　10 号岩心 60℃渗吸

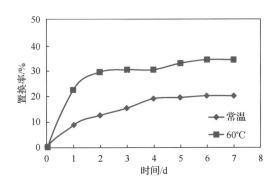

图 3-42　10 号岩心置换率随时间的变化关系

　　10 号岩心渗吸速度随时间的变化关系如图 3-43 所示。可以看出，10 号岩心的渗吸速度在 1 天后随着时间的增加而不断减小，且初始渗透速度快，3 天以后渗吸速度逐渐平稳，直至降为 0，并且岩心在 60℃条件下的初始渗吸速度大约是常温条件下初始渗吸速度的 2 倍。10 号岩心核磁对比图如图 3-44 所示，从 10 号岩心的渗吸实验可知温度影响岩心的渗吸效果，升高温度可以提高岩心的渗吸驱油效率。

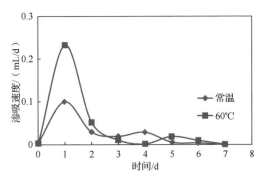

图 3-43　10 号岩心渗吸速度随时间的变化关系

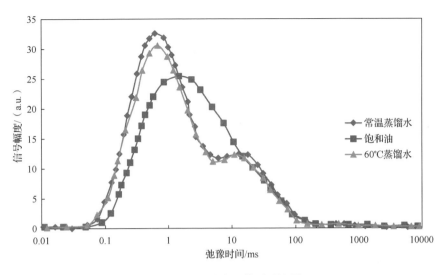

图 3-44　10 号岩心核磁对比图

3）12 号岩心实验研究

12 号岩心实验过程中的照片如图 3-45 和图 3-46 所示。显然 12 号岩心在 60℃条件下渗吸出的油滴比其在常温条件下渗吸出的油滴小，但油量多且密集。这说明 12 号岩心在 60℃条件下的渗吸效果比在常温条件下的渗吸效果好。

图 3-45　12 号岩心常温渗吸

图 3-46　12 号岩心 60℃渗吸

12 号岩心置换率随时间的变化关系如图 3-47 所示，可以看出置换率随着时间的增加先开始不断增加，常温条件下 3 天之后逐渐平稳到一个恒定值，而高温条件下 6 天之后逐渐平稳到一个恒定值，并且 12 号岩心在 60℃条件下的置换率高于常温条件下岩心的置换率。岩心在 60℃条件下的置换率是岩心在常温条件下置换率的约 1.44 倍。

12 号岩心渗吸速度随时间的变化关系如图 3-48 所示，可以看出，12 号岩心的渗吸速度在 1 天后随着时间的增加而不断减小，且初始渗透速度快；常温条件下 3 天之后渗吸速度逐渐平稳，直至降为 0，而高温条件下 1 天之后渗吸速度降低，之后渗吸速度略有增加，5 天之后又逐渐降低，直至为 0，并且岩心在 60℃

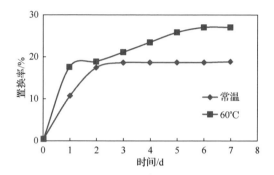

图 3-47　12 号岩心置换率随时间的变化关系

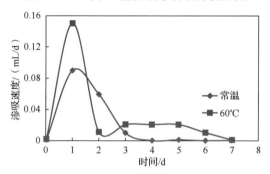

图 3-48　12 号岩心渗吸速度随时间的变化关系

条件下的初始渗吸速度大约是常温条件下初始渗吸速度的 1.6 倍。12 号岩心核磁对比图如图 3-49 所示，从 12 号岩心的渗吸实验可以看出岩心的渗吸效果受温度影响，岩心的渗吸驱油效率随温度升高而提高。

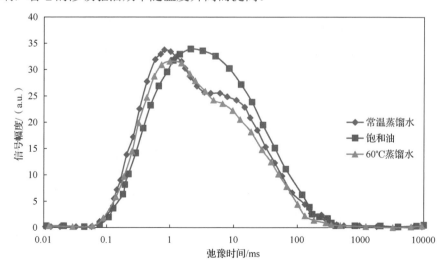

图 3-49　12 号岩心核磁对比图

4）16 号岩心实验研究

16 号岩心实验过程中的照片如图 3-50 和图 3-51 所示。可以直观地看出，16 号岩心在 60℃条件下渗吸出的油滴数量比岩心在常温条件下渗吸出的油滴数量多且油量大。这说明 16 号岩心在 60℃条件下的渗吸效果比在常温条件下的渗吸效果好。

图 3-50　16 号岩心常温渗吸　　　　　　　图 3-51　16 号岩心 60℃渗吸

16 号岩心置换率随时间的变化关系如图 3-52 所示。可以看出置换率随着时间的增加先开始不断增加，2 天之后逐渐平稳到一个恒定值，并且 16 号岩心在 60℃条件下的置换率高于常温条件下岩心的置换率，岩心在 60℃条件下的置换率是岩心在常温条件下置换率的约 4.28 倍。

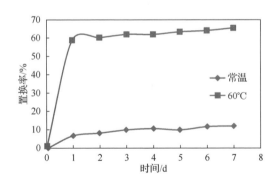

图 3-52　16 号岩心置换率随时间的变化关系

16 号岩心渗吸速度随时间的变化关系如图 3-53 所示。可以看出，16 号岩心的渗吸速度在 1 天后随着时间的增加而不断减小，且初始渗透速度快，2 天后渗吸速度逐渐平稳，直至降为 0，并且岩心在 60℃条件下的初始渗吸速度大约是常温条件下初始渗吸速度的 8 倍。16 号岩心核磁对比图如图 3-54 所示，从 16 号岩心的渗吸实验可以看出温度影响岩心的渗吸效果，升高温度可以提高岩心的渗吸驱油效率。

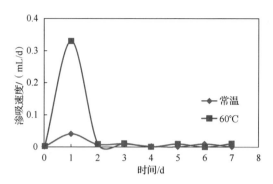

图 3-53　16 号岩心渗吸速度随时间的变化关系

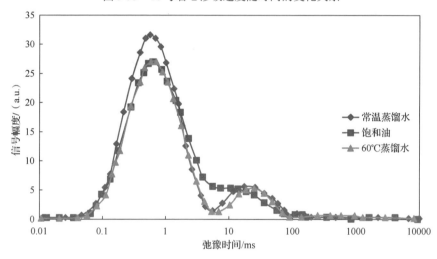

图 3-54　16 号岩心核磁对比图

5）26 号岩心实验研究

26 号岩心实验过程中的照片如图 3-55 和图 3-56 所示。可以直观地看出，26 号岩心在常温条件下渗吸出的油滴比在 60℃条件下渗吸出的油滴颗粒小且油量少。这说明 26 号岩心在 60℃条件下的渗吸效果比在常温条件下的渗吸效果好。

图 3-55　26 号岩心常温渗吸

图 3-56　26 号岩心 60℃渗吸

26 号岩心置换率随时间的变化关系如图 3-57 所示。可以看出置换率随着时间的增加先不断增加，3 天之后逐渐平稳到一个恒定值，并且 26 号岩心在 60℃条件下的置换率高于常温条件下岩心的置换率，岩心在 60℃条件下的置换率是岩心在常温条件下置换率的约 4.4 倍。

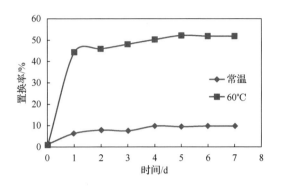

图 3-57　26 号岩心置换率随时间的变化关系

26 号岩心渗吸速度随时间的变化关系如图 3-58 所示。可以看出，26 号岩心的渗吸速度在 1 天后随着时间的增加而不断减小，且初始渗透速度快，2 天后渗吸速度逐渐平稳，直至降为 0，并且岩心在 60℃条件下的初始渗吸速度大约是常温条件下初始渗吸速度的 6.5 倍。26 号岩心核磁对比图如图 3-59 所示，从 26 号岩心的渗吸实验可以看出温度是影响岩心渗吸效果的一个因素，温度上升，岩心的渗吸驱油效率提高。

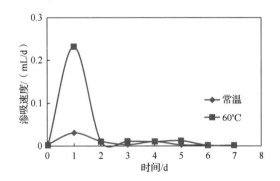

图 3-58　26 号岩心渗吸速度随时间的变化关系

6）31 号岩心实验研究

31 号岩心实验过程中的照片如图 3-60 和图 3-61 所示。可以直观地看出，31 号岩心在 60℃条件下渗吸出的油滴比在常温条件下渗吸出的油滴密集、油量多。这说明 31 号岩心在 60℃条件下的渗吸效果比在常温条件下的渗吸效果好。

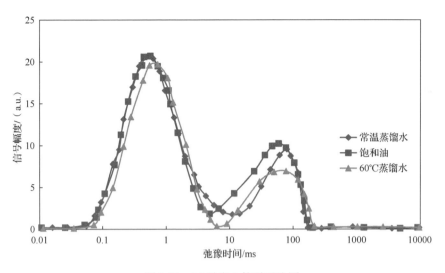

图 3-59　26 号岩心核磁对比图

图 3-60　31 号岩心常温渗吸

图 3-61　31 号岩心 60℃渗吸

31 号岩心置换率随时间的变化关系如图 3-62 所示。可以看出，置换率随着时间的增加先开始不断增加，6 天之后岩心在 60℃条件下的置换率逐渐平稳到一个恒定值，并且 31 号岩心在 60℃条件下的置换率高于常温条件下岩心的置换率。岩心在 60℃条件下的置换率是岩心在常温条件下置换率的约 1.94 倍。

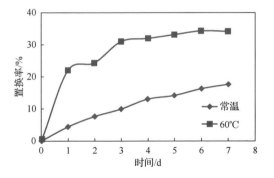

图 3-62　31 号岩心置换率随时间的变化关系

31 号岩心渗吸速度随时间的变化关系如图 3-63 所示。可以看出，31 号岩心的渗吸速度在 1 天后随着时间的增加而不断减小，且初始渗透速度快，4 天后渗吸速度逐步平稳，直至降为 0，并且岩心在 60℃条件下的初始渗吸速度大约是常温条件下初始渗吸速度的 5 倍。31 号岩心核磁对比图如图 3-64 所示，从 31 号岩心的渗吸实验可以看出温度影响岩心的渗吸效果，升高温度可以提高岩心的渗吸驱油效率。

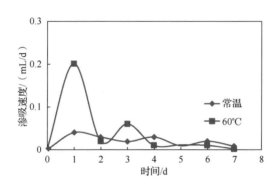

图 3-63　31 号岩心渗吸速度随时间的变化关系

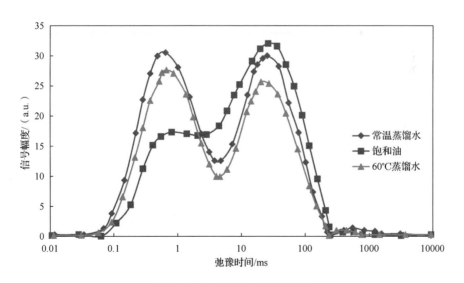

图 3-64　31 号岩心核磁对比图

7）34 号岩心实验研究

34 号岩心实验过程中的照片如图 3-65 和图 3-66 所示。可以直观地看出，34 号岩心在 60℃条件下渗吸出的油量比岩心在常温条件下渗吸出的油量略多，说明 34 号岩心在 60℃条件下的渗吸效果比在常温条件下的渗吸效果好。

图 3-65　34 号岩心常温渗吸

图 3-66　34 号岩心 60℃渗吸

34 号岩心置换率随时间的变化关系如图 3-67 所示。可以看出，置换率随着时间的增加先开始不断增加，6 天之后岩心在 60℃条件下的置换率逐渐平稳到一个恒定值，并且 34 号岩心在 60℃条件下的置换率高于常温条件下岩心的置换率。岩心在 60℃条件下的置换率是岩心在常温条件下置换率的约 1.8 倍。

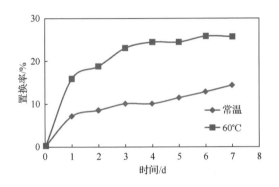

图 3-67　34 号岩心置换率随时间的变化关系

34 号岩心渗吸速度随时间的变化关系如图 3-68 所示。可以看出，34 号岩心的渗吸速度在 1 天后随着时间的增加而不断减小，且初始渗透速度快，4 天后渗吸速度逐步平稳，直至降为 0，并且岩心在 60℃条件下的初始渗吸速度大约是常温条件下初始渗吸速度的 2 倍。34 号岩心核磁对比图如图 3-69 所示，从 34 号岩心的渗吸实验可以看出温度影响岩心的渗吸效果，在一定时间范围内温度升高可以提高岩心的渗吸驱油效率。

综上所述，升高温度影响岩心的渗吸效果，并对岩心的渗吸效果起着积极的作用。岩心在 60℃条件下的渗吸驱油效率相比常温条件下提高了 2 倍左右，并且岩心在 60℃条件下的渗吸速度大约是常温条件下渗吸速度的 5 倍，温度对岩心渗吸效果的影响程度比较大。

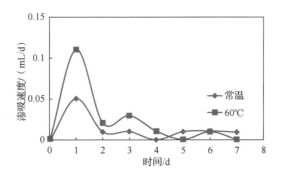

图 3-68   34 号岩心渗吸速度随时间的变化关系

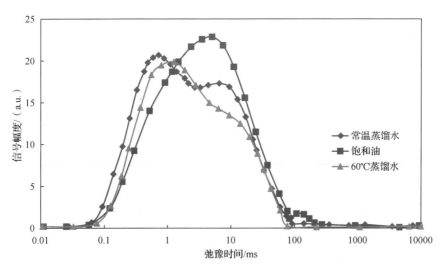

图 3-69   34 号岩心核磁对比图

3.5.2 压力对渗吸效果的影响

实验选取了 2 块岩心放入改装的特殊加压装置并研究压力对渗吸效果的影响，这些岩心的基本参数如表 3-1 所示。

考虑到安全因素，仅将压力加到 10MPa。因为实验装置的缺陷，无法使岩心室内的岩心摇动，渗吸出的油滴黏附在岩心表面无法聚集在上部的计量管内，所以无法记录实验数据。因此，只能从实验中观察岩心的表面情况来判断压力对岩心渗吸效果的影响。

1）14 号岩心实验研究

14 号岩心实验过程中的照片如图 3-70 和图 3-71 所示。可以看出，14 号岩心在常压下岩心表面渗吸出许多小油滴，而将该岩心放入 10MPa 的压力下，岩心表面渗吸出的油滴明显减少。因此，岩心在 10MPa 下的渗吸效果相比于岩心在常压条件下的渗吸效果要差。

图 3-70　14 号岩心常压实验　　　　　图 3-71　14 号岩心在 10MPa 下实验

　2）35 号岩心实验研究

　35 号岩心实验过程中的照片如图 3-72 和图 3-73 所示。从实验过程中岩心的渗吸照片可以看出，35 号岩心在常压下岩心表面渗吸出的油滴数量明显多于10MPa 下岩心表面渗吸出的油滴数量。显然岩心在常压条件下的渗吸效果比岩心在 10MPa 下的渗吸效果好。

图 3-72　35 号岩心常压实验　　　　　图 3-73　35 号岩心在 10MPa 下实验

　综上所述，压力影响岩心的渗吸效果。在实验研究的范围内，岩心在高压下的置换率小于岩心在常压下的置换率。压力升高，抑制了渗吸的发生，岩心的渗吸效果变差，压力与岩心的置换率呈负相关。

3.6　界面张力对渗吸效果的影响

　研究界面张力对渗吸效果的影响时，选取了 3 块岩心重复洗油、饱和进行渗吸实验研究，实验岩心 2 号对应表面活性剂 ZQ，实验岩心 20 号对应表面活性剂ZJ，实验岩心 39 号对应表面活性剂 ZP，实验岩心的基本参数如表 3-1 所示。

1）2 号岩心实验研究

对于 2 号岩心，分别进行了蒸馏水、浓度为 0.15%的表面活性剂溶液、浓度为 0.3%的表面活性剂溶液和浓度为 0.3%的表面活性剂溶液混合矿化度为 10000mg/L 盐水的渗吸实验。首先通过界面张力测试仪得到了不同浓度表面活性剂 ZQ 的界面张力值，表面活性剂 ZQ 的界面张力与浓度关系如表 3-2 所示。

表 3-2　表面活性剂 ZQ 的界面张力与浓度关系

浓度/%	0（水）	0.05	0.1	0.15	0.2	0.25	0.3	0.35	0.4
界面张力/（mN/m）	10.7	0.5	0.1	0.04	0.015	0.02	0.023	0.03	0.025

2 号岩心实验过程中的照片如图 3-74～图 3-77 所示。岩心在浓度为 0.15%的表面活性剂溶液中渗吸后的溶液颜色比岩心在浓度为 0.3%的表面活性剂溶液中渗吸后的溶液颜色深。互相对比可以初步得出，岩心在浓度为 0.15%的表面活性剂溶液中的渗吸效果比岩心在浓度为 0.3%的表面活性剂溶液中的渗吸效果要好。初步说明在实验研究的范围内，低浓度的表面活性剂溶液相对于高浓度的表面活性剂溶液更能促进岩心渗吸的发生。

图 3-74　2 号岩心蒸馏水渗吸实验

图 3-75　2 号岩心 0.15%表面活性剂溶液渗吸实验

图 3-76　2 号岩心 0.3%表面活性剂溶液渗吸实验

图 3-77　2 号岩心 0.3%表面活性剂溶液+10000mg/L 盐水渗吸实验

　　2号岩心置换率随时间变化关系如图 3-78 所示。可以看出，岩心在浓度为0.15%的表面活性剂溶液中的置换率最大，其次为浓度为 0.3%的表面活性剂溶液混合矿化度为 10000mg/L 盐水，再次为浓度为 0.3%的表面活性剂溶液，最后为蒸馏水。说明表面活性剂 ZQ 有利于渗吸作用的发生，可以提高置换率，并且在实验所研究的范围内，低浓度的表面活性剂溶液相对于高浓度的表面活性剂溶液对渗吸效果的促进作用更大。另外，在表面活性剂溶液中加入少量的盐相对于不添加盐的表面活性剂溶液可以略微提高置换率，在实验的范围内说明了低浓度的盐水可以促进渗吸作用的发生。还可以看出，岩心在浓度为 0.15%的表面活性剂溶液中渗吸速度最大，其次是浓度为 0.3%的表面活性剂溶液混合矿化度为 10000mg/L 的盐水，再次是浓度为 0.3%的表面活性剂溶液，最后为蒸馏水，且岩心在蒸馏水中的渗吸作用最先达到平衡状态，其余三种直到实验结束都未达到平衡状态，渗吸作用一直在进行。

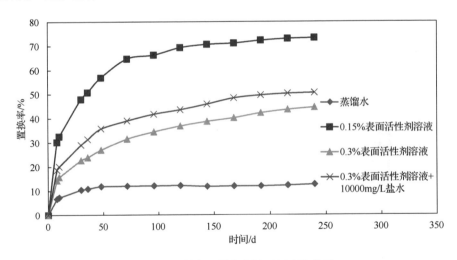

图 3-78　2 号岩心置换率随时间变化关系

　　为了验证实验的结果，分别得到蒸馏水、浓度为 0.15%的表面活性剂溶液、浓度为 0.3%的表面活性剂溶液的界面张力与各自置换率的关系图，2 号岩心置换率与界面张力变化关系如图 3-79 所示。可以看到：界面张力为 0.04mN/m 时的置换率最高，它所对应的是 0.15%的表面活性剂溶液，其次为界面张力为 0.023mN/m 时的置换率，它所对应的是 0.3%的表面活性剂溶液，最后为界面张力为 10.7mN/m 时的置换率，它所对应的是蒸馏水。

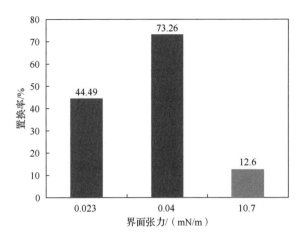

图 3-79　2 号岩心置换率与界面张力变化关系

综上，2 号岩心在浓度为 0.15%的表面活性剂 ZQ 溶液中的置换率最高，在蒸馏水中的置换率最低，相对来说置换率提高了 4.81 倍。

2）18 号岩心实验研究

对于 18 号岩心，分别进行了蒸馏水、浓度为 0.15%的表面活性剂溶液、浓度为 0.3%的表面活性剂溶液、浓度为 0.3%的表面活性剂溶液混合矿化度为 10000mg/L 盐水和浓度为 0.3%的表面活性剂溶液混合矿化度为 60000mg/L 盐水的渗吸实验。

18 号岩心实验过程中的照片如图 3-80～图 3-84 所示。岩心在浓度为 0.15% 的表面活性剂溶液中渗吸后的溶液颜色比岩心在浓度为 0.3%的表面活性剂溶液中渗吸后的溶液颜色深。互相对比可以得出，岩心在浓度为 0.15%的表面活性剂溶液中渗吸的效果比岩心在浓度为 0.3%的表面活性剂溶液中渗吸的效果要好。初步说明在实验所研究的范围内，低浓度的表面活性剂溶液相对于高浓度的表面活性剂溶液，促进了岩心渗吸作用的发生。

图 3-80　18 号岩心蒸馏水渗吸实验

图 3-81　18 号岩心 0.15%表面活性剂
溶液渗吸实验

图 3-82　18 号岩心 0.3%表面活性剂
溶液渗吸实验

图 3-83　18 号岩心 0.3%表面活性剂溶液+
10000mg/L 盐水渗吸实验

图 3-84　18 号岩心 0.3%表面活性剂溶液+60000mg/L 盐水渗吸实验

18 号岩心置换率随时间变化关系如图 3-85 所示。可以看出：岩心在浓度为 0.15%的表面活性剂溶液中的置换率最大，其次为浓度为 0.3%的表面活性剂溶液混合矿化度为 10000mg/L 的盐水，再次为浓度为 0.3%的表面活性剂溶液，从次为浓度为 0.3%的表面活性剂溶液混合矿化度为 60000mg/L 的盐水，最后为蒸馏水。说明表面活性剂 ZJ 有利于渗吸作用的发生，可以提高置换率，并且在实验所研究的范围内，低浓度的表面活性剂溶液相对于高浓度的表面活性剂溶液，对渗吸效果的促进作用更大。另外，在表面活性剂溶液中加入少量的盐相对于不添加盐的表面活性剂溶液可以略微提高置换率，但是添加大量的盐反而会降低置换率，在实验的范围内说明了低浓度的盐水可以促进渗吸作用的发生。通过图 3-85 还可以看出：岩心在浓度为 0.15%的表面活性剂溶液中渗吸速度最大，其次为浓度为 0.3%的表面活性剂溶液混合矿化度为 10000mg/L 的盐水，再次为浓度为 0.3%的表面活性剂溶液，从次为浓度为 0.3%的表面活性剂溶液混合矿化度为 60000mg/L 的盐水，最后为蒸馏水。直到实验结束所有溶液中的岩心都未达到完全平衡状态，渗吸作用一直在进行。

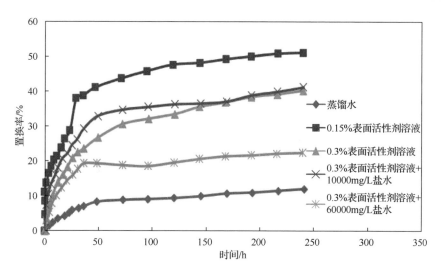

图 3-85　18 号岩心置换率随时间变化关系

综上，18 号岩心在浓度为 0.15%的表面活性剂 ZJ 溶液中的置换率最高，在蒸馏水中的置换率最低，相对来说置换率提高了 3.99 倍。

3）32 号岩心实验研究

对于 32 号岩心，分别进行了蒸馏水、浓度为 0.2%的表面活性剂溶液、浓度为 0.4%的表面活性剂溶液和浓度为 0.4%的表面活性剂溶液混合矿化度为 10000mg/L 盐水的渗吸实验。

32 号岩心实验过程中的照片如图 3-86～图 3-89 所示。可以看出，岩心在蒸馏水中的渗吸效果比较好，并且岩心在浓度为 0.2%的表面活性剂溶液中的渗吸效果比岩心在浓度为 0.4%的表面活性剂溶液中的渗吸效果好。说明表面活性剂 ZP 抑制了渗吸作用的发生，并且在实验所研究的范围内，表面活性剂溶液的浓度越高，抑制作用越强。

图 3-86　32 号岩心蒸馏水渗吸实验

图 3-87　32 号岩心 0.2%表面活性剂溶液渗吸实验

图 3-88　32 号岩心 0.4%表面活性剂
溶液渗吸实验

图 3-89　32 号岩心 0.4%表面活性剂溶液+
10000mg/L 盐水渗吸实验

　　32 号岩心置换率随时间变化关系如图 3-90 所示。可以看出，岩心在浓度为
0.4%的表面活性剂溶液混合矿化度为 10000mg/L 的盐水中置换率最大，其次为蒸
馏水，再次为浓度为 0.2%的表面活性剂溶液，最后为浓度为 0.4%的表面活性剂
溶液。说明表面活性剂 ZP 不利于渗吸作用的发生，降低了置换率，并且在实验
所研究的范围内，高浓度的表面活性剂溶液相对于低浓度的表面活性剂溶液，对
渗吸作用的抑制程度更大。另外，在表面活性剂溶液中加入少量的盐相对于不添
加盐的表面活性剂溶液可以提高置换率，在实验研究的范围内说明了低浓度的盐
水可以促进渗吸作用的发生。还可以看出，岩心在浓度为 0.4%的表面活性剂溶液
混合矿化度为 10000mg/L 的盐水中的渗吸速度＞浓度为 0.2%的表面活性剂溶液
的渗吸速度＞蒸馏水的渗吸速度＞浓度为 0.4%的表面活性剂溶液的渗吸速度，且
岩心在浓度为 0.2%的表面活性剂溶液中渗吸作用最先达到平衡状态，其余三种溶
液中的岩心直到实验结束都未达到平衡状态，渗吸作用一直在进行。

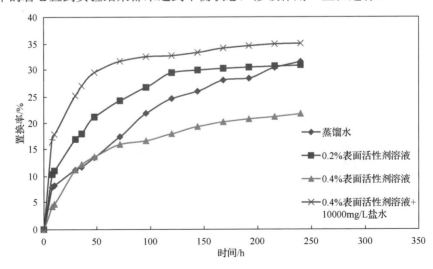

图 3-90　32 号岩心置换率随时间变化关系

综上，32 号岩心在浓度为 0.4%的表面活性剂溶液混合矿化度为 10000mg/L 的盐水中的置换率最高，在浓度为 0.4%的表面活性剂溶液中的置换率最低，相对来说置换率提高了 1.61 倍。

总之，三种表面活性剂溶液对岩心的渗吸作用都有影响，作用程度的大小分别如图 3-91、图 3-92 和图 3-93 所示。

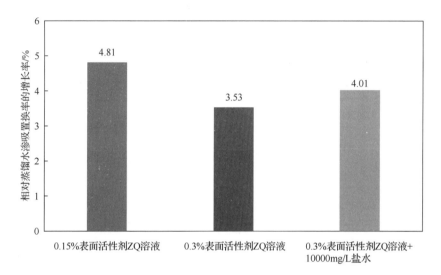

图 3-91　2 号岩心表面活性剂溶液作用程度结果

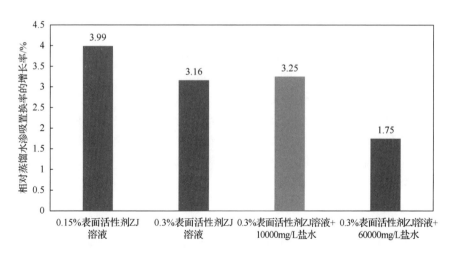

图 3-92　18 号岩心表面活性剂溶液作用程度结果

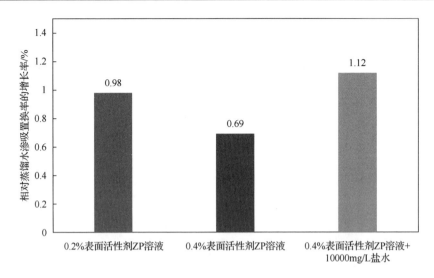

图 3-93　32 号岩心表面活性剂溶液作用程度结果

在实验所研究的范围内，综合评价了三种表面活性剂 ZQ、ZJ、ZP 对渗吸作用的影响。可以看出表面活性剂 ZQ 与 ZJ 对渗吸作用有促进作用，表面活性剂 ZP 对渗吸作用有抑制作用，并且表面活性剂 ZQ 与蒸馏水相比较，将置换率提高了 4.81 倍，表面活性剂 ZJ 与蒸馏水相比较，将置换率提高了 3.99 倍。综上所述，对于这三种表面活性剂 ZQ、ZJ、ZP，表面活性剂 ZQ 的性能最好。

3.7　主控因素显著性分析

通过文献调研，可以得知影响致密砂岩渗吸的因素有许多，如渗透率、孔隙度、矿化度、黏土含量、界面张力、原油黏度、接触角等，这些因素对渗吸速度及最终采收率都会有不同程度的影响。

实验所用的岩心可以分为三个区块，分别为庄 183 区块、安 83 区块和西 233 区块，这三个区块的渗透率、主流喉道半径相对岩石其他物性参数来说，与置换率有关。因此，需要研究其他外界因素对渗吸的影响，故利用表 3-1 的实验结果针对这三个区块进行主控因素显著性分析。

3.7.1　庄 183 区块

庄 183 区块影响渗吸的主要因素及水平如表 3-3 所示，影响渗吸平均采收率的关键因素分析如表 3-4 所示，各因素极差对比如图 3-94 所示。可以看出，在实验研究的范围内，各影响因素对平均采收率的影响程度：界面张力>渗透率>矿化度>黏度，界面张力是影响庄 183 区块渗吸平均采收率的主控因素。渗吸平均采收率最大时各参数的最优值：界面张力为 0.023mN/m，渗透率为 0.313mD，渗吸溶液为蒸馏水，原油黏度为 1.87mPa·s。

表 3-3 庄 183 区块影响渗吸的主要因素及水平

参数水平	黏度/（mPa·s）	矿化度/（mg/L）	界面张力/（mN/m）	渗透率/mD
$k1$	1.87	0	0.02	0.0115
$k2$	3.23	15000	0.023	0.0926
$k3$	4.26	45000	10.7	0.174
$k4$	—	—	—	0.313

表 3-4 庄 183 区块影响渗吸平均采收率的关键因素分析

参数水平	不同参数水平对应的平均采收率/%			
	黏度	矿化度	界面张力	渗透率
$k1$	13.61	18.43	43.49	3.3
$k2$	10.42	4.35	73.26	19.73
$k3$	6.11	3.83	12.6	18.69
$k4$	—	—	—	29.94
极差 R	7.5	14.6	60.66	26.64
最优水平	1.87	0	0.023	0.313
因子主次	4	3	1	2

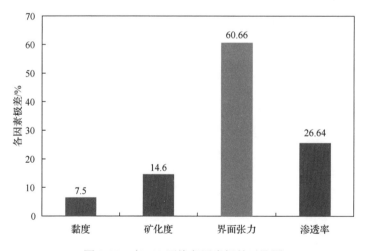

图 3-94 庄 183 区块各因素极差对比图

3.7.2 安 83 区块

安 83 区块影响渗吸的主要因素及水平如表 3-5 所示，影响渗吸平均采收率的关键因素分析如表 3-6 所示，各因素极差对比如图 3-95 所示。可以看出，在实验研究范围内，各影响因素对平均采收率的影响程度：界面张力>渗透率>黏度>矿化度，界面张力是影响安 83 区块渗吸平均采收率的主控因素。渗吸平均采收率最大时各参数的最优值：界面张力为 0.023mN/m，渗透率为 0.2842mD，渗吸溶液为蒸馏水，原油黏度为 1.87mPa·s。

表 3-5　安 83 区块影响渗吸的主要因素及水平

参数水平	黏度/（mPa·s）	矿化度/（mg/L）	界面张力/（mN/m）	渗透率/mD
$k1$	1.87	0	0.02	0.028
$k2$	3.23	15000	0.023	0.0899
$k3$	4.26	45000	10.7	0.2513
$k4$	—	—	—	0.2842

表 3-6　安 83 区块影响渗吸平均采收率的关键因素分析

参数水平	不同参数水平对应的平均采收率/%			
	黏度	矿化度	界面张力	渗透率
$k1$	13.94	4.66	12.72	4.66
$k2$	9.54	1.49	73.96	15.22
$k3$	4.94	1.01	43.91	23.73
$k4$	—	—	—	26.45
极差 R	9	3.65	61.24	21.79
最优水平	1.87	0	0.023	0.2842
因子主次	3	4	1	2

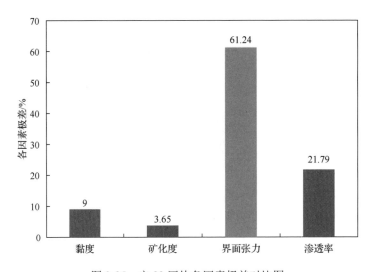

图 3-95　安 83 区块各因素极差对比图

3.7.3　西 233 区块

　　西 233 区块影响渗吸的主要因素及水平如表 3-7 所示，影响渗吸平均采收率的关键因素分析如表 3-8 所示，各因素极差对比如图 3-96 所示。可以看出，在实验研究范围内，各影响因素对平均采收率的影响程度：界面张力>渗透率>矿化度>黏度，界面张力主要影响着西 233 区块的渗吸平均采收率。渗吸平均采收率最大时各参数的最优值：界面张力为 0.023mN/m，渗透率为 0.3871mD，渗吸溶液为蒸馏水，原油黏度为 1.87mPa·s。

表 3-7　西 233 区块影响渗吸的主要因素及水平

参数水平	黏度/（mPa·s）	矿化度/（mg/L）	界面张力/（mN/m）	渗透率/mD
$k1$	1.87	0	0.02	0.0511
$k2$	3.23	15000	0.023	0.145
$k3$	4.26	45000	10.7	0.287
$k4$	—	—	—	0.3871

表 3-8　西 233 区块影响渗吸平均采收率的关键因素分析

参数水平	不同参数水平对应的平均采收率/%			
	黏度	矿化度	界面张力	渗透率
$k1$	13.76	13.17	31.47	9.82
$k2$	8.8	3.06	100	13.34
$k3$	3.54	2.89	100	23.55
$k4$	—	—	—	30.23
极差 R	9.22	11.28	68.53	20.41
最优水平	1.87	0	0.023	0.3871
因子主次	4	3	1	2

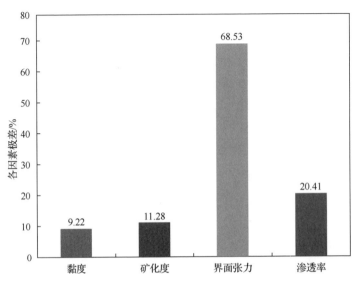

图 3-96　西 233 区块各因素极差对比图

综上所述，不管对于任何一种分类，界面张力都为该类别的主控因素。因此，对于现场，可以通过改变界面张力来提高渗吸平均采收率。

3.8　渗吸置换率参数模拟

3.8.1　储层渗吸效率参数建立

针对长 7 储层渗吸效率的拟合分析，储层品质特征的影响因素分析表明，储层品质指数、孔隙度、渗透率、平均孔喉半径、主流喉道半径、最大进汞饱和度、分选系数、排驱压力、渗吸稳定时间、退汞效率等参数在不同状态下对储层的影响具有独立性和叠合作用。

影响储层渗吸效率的因素是多方面的，在空间分布上也属于多维的。为了更方便地建立储层渗吸效率评价图版，采用降维的方法，将多种影响因素合成一种综合影响因子 Y，绘制出不同 Y 值的储层渗吸效率及其影响参数图版，以解决储层渗吸效率分布及评价的问题。如图 3-97 为渗吸效率的关联参数对比分析图，可以看出渗吸效率（R_o）与储层品质指数（RQI）、孔隙度（ϕ）、渗透率（K）、平均孔喉半径（R）、主流喉道半径（R_m）、最大进汞饱和度（S_{Hg}）、分选系数（S）、渗吸稳定时间（T）、排驱压力（P_c）、退汞效率（W）之间存着相关性。

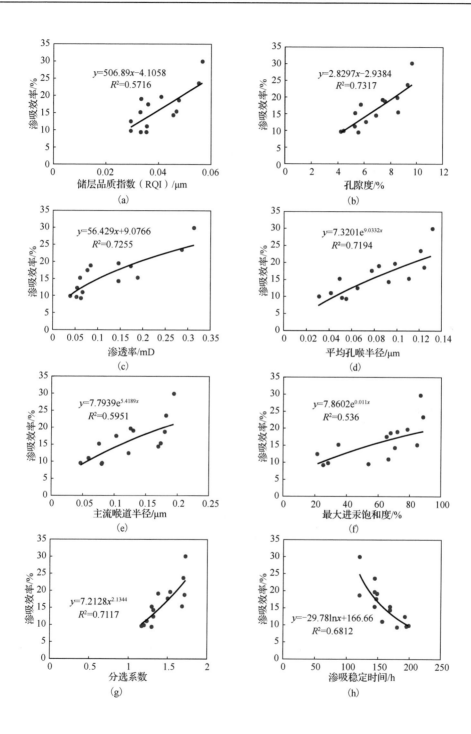

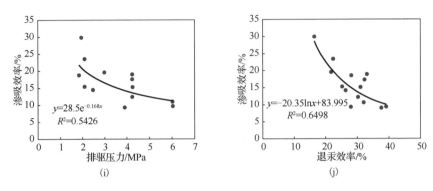

图 3-97　渗吸效率的关联参数对比分析图

3.8.2　储层渗吸效率可信度

为了验证所建立的储层渗吸效率值恢复方法的准确度,选取 14 个未参与实测储层渗吸效率恢复图版建立的长 7 储层实测储层渗吸效率值与模拟储层渗吸效率值进行比较(图 3-98 和表 3-9)[9]。根据储层渗吸效率值恢复图版得出的恢复值和实测值吻合较好,可信度较高。

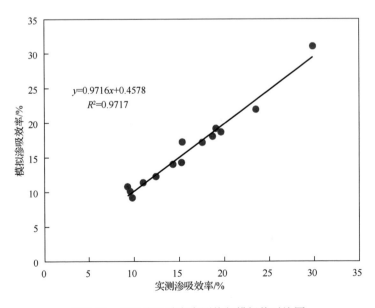

图 3-98　储层渗吸效率实测值与模拟值对比图

表 3-9　储层渗吸效率模拟值与实测值对比

样品编号	实测值/%	模拟值/%	绝对误差/%	相对误差/%	标准残差
1	29.94	31.06	1.12	3.74	
2	14.34	16.18	1.84	12.83	
3	18.69	18.15	0.54	2.89	
4	23.55	21.93	1.62	6.88	
5	19.65	18.68	0.97	4.94	
6	13.34	13.03	0.31	2.32	
7	16.56	16.17	0.39	2.36	
8	12.43	12.33	0.10	0.80	0.30
9	9.3	10.84	1.54	16.56	
10	19.07	19.21	0.14	0.73	
11	9.57	10.07	0.50	5.22	
12	11.05	11.37	0.32	2.90	
13	14.23	13.31	0.92	6.47	
14	9.81	9.2	0.61	6.22	

3.8.3　储层渗吸效率归一化分析

储层渗吸效率综合影响因子 Y 是储层品质指数、孔隙度、渗透率、平均孔喉半径、主流喉道半径、最大进汞饱和度、分选系数、排驱压力、渗吸稳定时间、退汞效率的综合响应，是随着各参数变化的函数。将综合影响因子 Y 归一化后，建立归一化 Y 值与各参数之间的函数关系如图 3-99 所示，进行对比评价。由图 3-100 储层渗吸效率与归一化 Y 值相关关系可知，综合影响因子 Y 与储层渗吸效率有很好的相关性。根据图 3-97 各因素之间的拟合关系，模拟得综合影响因子 Y 的公式如式（3-3）所示：

$$Y = -2.65 \times 103 RQI - 5.69\phi + 2.96 \times 102 K + 6.40 \times 101 e^{9.033R} - 2.44 e^{4.4189 R_m}$$
$$- 10.83 e^{0.011 S_{Hg}} - 5.40 S^{2.1344} - 11.76 e^{0.168 P_c} - 5.38 \ln W + 276.41 \qquad (3-3)$$

式中，Y 为综合影响因子；RQI 为储层品质指数，μm；ϕ 为孔隙度，%；K 为渗透率，mD；R 为平均孔喉半径，μm；R_m 为主流喉道半径，μm；S_{Hg} 为最大进汞饱和度，%；S 为分选系数，无量纲；P_c 为排驱压力，MPa；W 为退汞效率，%。

由图 3-99 归一化 Y 值与各参数之间的关联性分析可以看出，相对于储层渗吸效率，归一化 Y 值与储层品质指数、孔隙度、渗透率、平均孔喉半径、主流喉道半径、最大进汞饱和度、分选系数、渗吸稳定时间、排驱压力、退汞效率的相关性较好。

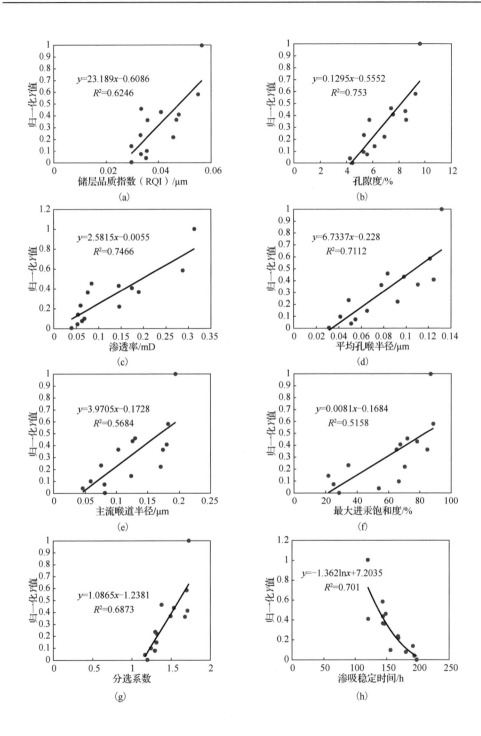

（a）

（b）

（c）

（d）

（e）

（f）

（g）

（h）

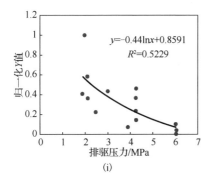 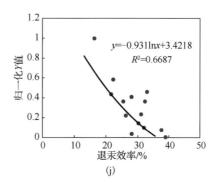

图 3-99　归一化 Y 值与各参数之间的关联性分析

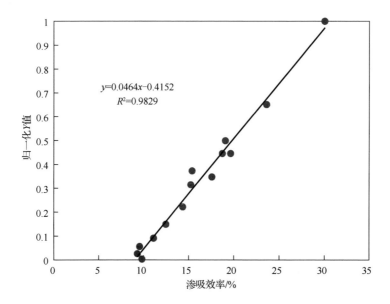

图 3-100　储层渗吸效率与归一化 Y 值相关关系

参 考 文 献

[1] 周德胜, 师煜涵, 李鸣, 等. 基于核磁共振实验研究致密砂岩渗吸特征[J]. 西安石油大学学报(自然科学版), 2018, 33(2): 51-57.

[2] 巨明霜, 王秀宇, 余文帅, 等. 基于核磁共振技术的致密储集层静态渗吸规律[J]. 新疆石油地质, 2019, 40(3): 334-339.

[3] 王敉邦, 蒋林宏, 包建银, 等. 渗吸实验描述与方法适用性评价[J]. 石油化工应用, 2015, 34(12): 102-105.

[4] 周德胜, 李鸣, 师煜涵, 等. 致密砂岩储层渗吸稳定时间影响因素研究[J]. 特种油气藏, 2018, 25(2): 125-129.

[5] 张健, 赵娟, 杨光, 等. 低渗油藏自发渗吸驱油效率测定新方法[J]. 油田化学, 2020, 37(4): 726-729.

[6] 周凤军, 陈文明. 低渗透岩心渗吸实验研究[J]. 复杂油气藏, 2009, 2(1): 54-56.

[7] 王秀宇, 崔雨樵, 郝俊兰, 等. 基于灰色关联的压裂液渗吸主控因素分析[J]. 科学技术与工程, 2019, 19(3): 90-94.

[8] LI M, YANG H, LU H, et al. Investigation into the classification of tight sandstone reservoirs via imbibition characteristics[J]. Energies, 2018, 11(10): 1-13.

[9] 周德胜, 肖沛瑶, 姚婷玮, 等. 一种渗吸实验用渗吸瓶流体加注装置及方法: 201911385216. 3[P]. 2020-04-10.

第4章 压裂液渗吸数学模型研究

目前，关于渗吸数值模拟方面的研究大多针对的是裂缝性储层、低渗透储层或页岩气储层，对于致密砂岩储层渗吸置换规律的数值模拟研究尚不明确，有待进一步深入探究。因此，本章基于致密砂岩储层，分别建立三种不同情况下的渗吸物理模型和数学模型，利用该模型研究不同情况下压裂液渗吸置换规律并对参数敏感性进行分析。

4.1 压裂液逆向渗吸数学模型及参数敏感性分析

4.1.1 逆向渗吸模型建立

1. 物理模型

对致密砂岩储层生产井实施大规模或者较为密集的水力压裂改造，脆性基质受到拉伸或挤压形成了一定区域的改造体积，使得压裂液与储层基质之间获得了较大的接触面。闷井过程中，压裂液作为润湿相流体在毛管压力作用下被吸入较小的孔隙喉道，驱替非润湿相流体（原油）从大孔道析出，完成压裂液与原油置换过程；再经过压裂液返排，从而达到"缝网压裂+油水渗吸置换"提高采收率的目的[1,2]。压裂液-原油逆向渗吸置换一维模型如图 4-1 所示。可以将压裂液与原油置换过程简化成一个以毛管压力为主导作用力的一维模型，模型左端是压裂液与原油的接触面，右端是封闭端，在毛管压力和重力的共同作用下，压裂液从模型左端吸入，在物质守恒的约束下，驱替原油从模型左端析出。

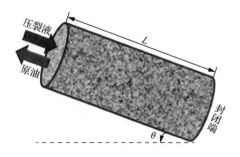

图 4-1 压裂液-原油逆向渗吸置换一维模型

综上所述，模型基本假设包括：储层均质、各向同性、岩石微可压缩；考虑渗吸两相渗流，符合层流特征，流体微可压缩；压裂液为润湿相流体，原油为非润湿相流体，流体之间非混相，不发生任何物理、化学反应；考虑毛管压力、重力作用；等温渗流，流体在基质中渗吸流动规律符合达西定律。

2. 数学模型

如图 4-1 所示，建立一维正交坐标系，已知模型均质，各向同性，长为 L，与水平夹角为 θ，储层绝对渗透率为 k，左端开口，右端封闭。

基于假设的等温渗流过程，流体在基质中渗吸流动规律符合达西定律，考虑重力作用，润湿相（压裂液）和非润湿相（原油）流体运动方程可以分别表述为

$$V_{\mathrm{w}} = -\frac{kk_{\mathrm{rw}}}{\mu_{\mathrm{w}}}\left(\frac{\partial p_{\mathrm{w}}}{\partial x} + \rho_{\mathrm{w}}g\sin\theta\right) \tag{4-1}$$

$$V_{\mathrm{o}} = -\frac{kk_{\mathrm{ro}}}{\mu_{\mathrm{o}}}\left(\frac{\partial p_{\mathrm{o}}}{\partial x} + \rho_{\mathrm{o}}g\sin\theta\right) \tag{4-2}$$

式中，V_{w} 为润湿相流速，m/d；V_{o} 为非润湿相流速，m/d；k 为储层绝对渗透率，mD；k_{rw} 为润湿相相对渗透率，无量纲；k_{ro} 为非润湿相相对渗透率，无量纲；μ_{w} 为润湿相流体黏度，mPa·s；μ_{o} 为非润湿相流体黏度，mPa·s；p_{w} 为润湿相压力，MPa；p_{o} 为非润湿相压力，MPa；x 为坐标位置，m；ρ_{w} 为润湿相密度，kg/m³；ρ_{o} 为非润湿相密度，kg/m³；g 为重力加速度，m/s²。

毛管压力梯度可以表述为非润湿相流体与润湿相流体的压力梯度差：

$$\frac{\partial p_{\mathrm{c}}}{\partial x} = \frac{\partial p_{\mathrm{o}}}{\partial x} - \frac{\partial p_{\mathrm{w}}}{\partial x} \tag{4-3}$$

式中，p_{c} 为毛细管压力，MPa。

润湿相流体由模型左端吸入，驱替非润湿相流体从左端析出，考虑到岩石和流体的微可压缩，整个过程孔隙体积内流体总量守恒。因此，润湿相与非润湿相流体的渗流速度满足：

$$V_{\mathrm{o}} + V_{\mathrm{w}} = 0 \tag{4-4}$$

一维模型，流体饱和度方程有

$$\phi\frac{\partial S_{\mathrm{w}}}{\partial t} + \frac{\partial V_{\mathrm{w}}}{\partial x} = 0 \tag{4-5}$$

式中，S_{w} 为非润湿相饱和度，%；t 为时间，s。

综合式（4-1）～式（4-5），可以整理得到

$$\phi\frac{\partial S_w}{\partial t} + \frac{\partial}{\partial x}\left[\frac{kk_{rw}k_{ro}}{k_{ro}\mu_w + k_{rw}\mu_o}\left(\frac{\partial p_c}{\partial x} - \Delta\rho g\sin\theta\right)\right] = 0 \qquad (4\text{-}6)$$

式中，$\Delta\rho = \rho_w - \rho_o$。

无因次化表达式：

$$X = \frac{x}{L}; \quad T = \frac{\sigma}{\mu_w L^2}\sqrt{\frac{k}{\phi}}t \qquad (4\text{-}7)$$

式中，X 为无量纲坐标位置；L 为模型长度，m；T 为无量纲时间；σ 为界面张力，mN/m；ϕ 为孔隙度，%。

使用 Corey 方程表征相对渗透率曲线：

$$k_{rw} = k_{rw}{}^*S^a; \quad k_{ro} = k_{ro}{}^*\left(1-S\right)^b; \quad S = \frac{S_w - S_{wi}}{1 - S_{or} - S_{wi}} \qquad (4\text{-}8)$$

式中，$k_{rw}{}^*$ 为润湿相最大相对渗透率，无量纲；$k_{ro}{}^*$ 为非润湿相最大相对渗透率，无量纲；a 为润湿相系数，无量纲；b 为非润湿相系数，无量纲；S 为标准化非润湿相饱和度，无量纲；S_{wi} 为束缚水（润湿相）饱和度，无量纲；S_{or} 为残余油（非润湿相）饱和度，无量纲。

毛管压力用 J 函数表示有

$$P_c = J\left(S\right)\sigma\sqrt{\frac{\phi}{k}} \qquad (4\text{-}9)$$

式中，$J(S)$ 为 J 函数。

结合无因次化、相对渗透率曲线和毛管压力表达式，式（4-6）可以转化为无量纲表达式[2]：

$$\frac{\partial S}{\partial T} + A\frac{1}{\partial X}\left[f\left(S\right)\left(\frac{\partial J\left(S\right)}{\partial S}\frac{\partial S}{\partial X} - \frac{L}{\sigma}\sqrt{\frac{k}{\phi}}\Delta\rho g\sin\theta\right)\right] = 0 \qquad (4\text{-}10)$$

式中，

$$A = \frac{\mu_w}{1 - S_{or} - S_{wi}}$$

$$f\left(S\right) = \frac{k_{rw}{}^*S^a k_{ro}{}^*\left(1-S\right)^b}{k_{rw}{}^*S^a\mu_o + k_{ro}{}^*\left(1-S\right)^b\mu_w}$$

初始饱和度分布一致，都为束缚水（润湿相）饱和度，因此初始条件有

$$S = 0 \qquad T = 0, \qquad 0 \leqslant X \leqslant 1 \qquad (4\text{-}11)$$

接触面含油饱和度为残余油（非润湿相）饱和度，左端边界条件有

$$S = 1 \qquad T \geqslant 0, \qquad X = 0 \tag{4-12}$$

右端封闭，边界条件有

$$\frac{\mathrm{d}S}{\mathrm{d}X} = 0 \qquad T \geqslant 0, \qquad X = 1 \tag{4-13}$$

基于式（4-10）的非齐次方程，需要借助数值进行求解。将模型等分为 N 个网格，第 2 个到第 $N-1$ 个网格都满足式（4-10），对式（4-10）进行离散化有

$$-A\frac{\nabla T}{\nabla X^2}f\left(S^{m+1}_{i-\frac{1}{2}}\right)\frac{\partial J(S)}{\partial S}S^{m+1}_{i-1}\left[1+A\frac{\nabla T}{\nabla X^2}\left(f\left(S^{m+1}_{i+\frac{1}{2}}\right)\frac{\partial J(S)}{\partial S}+f\left(S^{m+1}_{i-\frac{1}{2}}\right)\frac{\partial J(S)}{\partial S}\right)\right]S^{m+1}_{i}$$

$$-A\frac{\nabla T}{\nabla X^2}f\left(S^{m+1}_{i+\frac{1}{2}}\right)\frac{\partial J(S)}{\partial S}S^{m+1}_{i+1}=S^{m}_{i}+A\frac{\nabla T}{\nabla X}\left[f\left(S^{m+1}_{i+\frac{1}{2}}\right)-f\left(S^{m+1}_{i-\frac{1}{2}}\right)\right]\frac{L}{\sigma}\sqrt{\frac{k}{\phi}}\Delta\rho g\sin\theta \tag{4-14}$$

对于第 1 个网格，左端始终保持初始润湿相饱和度，网格控制方程可以简化为

$$\left[1+A\frac{\nabla T}{\nabla X^2}f\left(S^{m+1}_{i+\frac{1}{2}}\right)\frac{\partial J(S)}{\partial S}\right]S^{m+1}_{i}-A\frac{\nabla T}{\nabla X^2}f\left(S^{m+1}_{i+\frac{1}{2}}\right)\frac{\partial J(S)}{\partial S}S^{m+1}_{i+1}$$

$$=S^{m}_{i}+A\frac{\nabla T}{\nabla X}f\left(S^{m+1}_{i+\frac{1}{2}}\right)\frac{L}{\sigma}\sqrt{\frac{k}{\phi}}\Delta\rho g\sin\theta \tag{4-15}$$

对于第 N 个网格，右端封闭，润湿相饱和度变化率为 0，网格控制方程可以简化为

$$-A\frac{\nabla T}{\nabla X^2}f\left(S^{m+1}_{i-\frac{1}{2}}\right)\frac{\partial J(S)}{\partial S}S^{m+1}_{i-1}+\left[1+A\frac{\nabla T}{\nabla X^2}f\left(S^{m+1}_{i-\frac{1}{2}}\right)\frac{\partial J(S)}{\partial S}\right]S^{m+1}_{i}$$

$$=S^{m}_{i}-A\frac{\nabla T}{\nabla X}f\left(S^{m+1}_{i-\frac{1}{2}}\right)\frac{L}{\sigma}\sqrt{\frac{k}{\phi}}\Delta\rho g\sin\theta \tag{4-16}$$

结合式（4-14）～式（4-16），建立方程组，使用隐式差分矩阵迭代求解，可以得到不同时间节点对应的润湿相饱和度分布情况。

基于以上计算结果，置换率（采收率）可以表征为

$$\eta = \frac{1-S_{\mathrm{or}}-S_{\mathrm{wi}}}{(1-S_{\mathrm{wi}})L}\int_0^L S\mathrm{d}X \tag{4-17}$$

4.1.2　逆向渗吸模型参数敏感性分析

基于控制变量法，基础模型参数：$k_{rw}^*=0.3$，$k_{ro}^*=1.0$，$a=2.65$，$b=3.54$，$\mu_o=0.5\text{mPa·s}$，$\mu_w=1\text{mPa·s}$，$\theta=0°$，选用 $J(S)=B\ln S$ 为 J 函数与无量纲润湿相饱和度 S 的表达式，B 取值为 1.0。绘制不同变量数值下对应的无量纲润湿相饱和度随无量纲坐标位置的沿程分布曲线图，并分析非润湿相最大相对渗透率值、润湿相最大相对渗透率值、润湿相系数、非润湿相系数、油水黏度比等参数对曲线形态的影响（图 4-2～图 4-6）。从曲线分析可以看出：参数敏感性从大到小排序为润湿相系数＞润湿相最大相对渗透率值＞油水黏度比＞非润湿相系数＞非润湿相最大相对渗透率值。因此，可以通过改善储层渗透性，减小油水黏度比的方式增加渗吸置换效果，如添加表面活性剂、加热等，改善润湿相参数比改善非润湿相参数对渗吸置换作用的影响更为显著。

1. 非润湿相最大相对渗透率值 k_{ro}^*

非润湿相最大相对渗透率值影响相对渗透率曲线的非润湿相端点。图 4-2 为非润湿相最大相对渗透率值影响下无量纲润湿相饱和度的沿程分布曲线，分别展示了非润湿相最大相对渗透率值 k_{ro}^* 为 0.6、0.8、1.0 时，无量纲润湿相饱和度随无量纲坐标位置的沿程分布曲线。从图中可以看出：非润湿相最大相对渗透率值对渗吸作用效果影响不够明显，但对整个无量纲润湿相饱和度的沿程分布都有影响；非润湿相最大相对渗透率值越大，无量纲润湿相饱和度渗吸前缘推进越远。

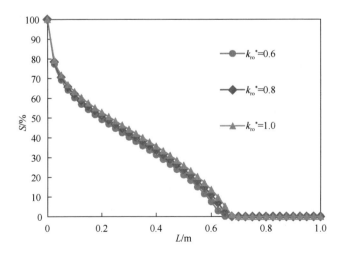

图 4-2　非润湿相最大相对渗透率值影响下无量纲润湿相饱和

度的沿程分布曲线（逆向渗吸）

2. 润湿相最大相对渗透率值 k_{rw}^*

润湿相最大相对渗透率值影响相对渗透率曲线的润湿相端点。图 4-3 为润湿相最大相对渗透率值影响下无量纲润湿相饱和度的沿程分布曲线，分别展示了润湿相最大相对渗透率值 k_{rw}^* 为 0.3、0.5、0.7 时，无量纲润湿相饱和度随无量纲坐标位置的沿程分布曲线。从图中可以看出：润湿相最大相对渗透率值对渗吸作用效果影响较为显著，主要体现在对前缘推进端的影响，润湿相最大相对渗透率值越大，无量纲润湿相饱和度渗吸前缘推进越远。

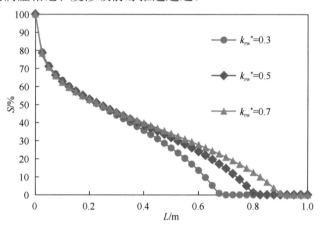

图 4-3　润湿相最大相对渗透率值影响下无量纲润湿相饱和度的沿程分布曲线（逆向渗吸）

3. 润湿相系数 a

润湿相系数主要影响相对渗透率曲线中润湿相曲线的形态。图 4-4 为润湿相系数影响下无量纲润湿相饱和度的沿程分布曲线，分别展示了润湿相系数值 a 为

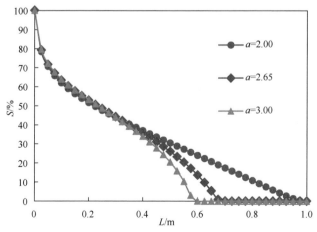

图 4-4　润湿相系数影响下无量纲润湿相饱和度的沿程分布曲线（逆向渗吸）

2.00、2.65、3.00 时，无量纲润湿相饱和度随无量纲坐标位置的沿程分布曲线。从图中可以看出：润湿相系数对渗吸作用效果影响也较为显著，基本对整个无量纲润湿相饱和度分布都有影响。特别是推进端的饱和度分布，润湿相系数越小，无量纲润湿相饱和度渗吸前缘推进越远。

4. 非润湿相系数 b

非润湿相系数主要影响相对渗透率曲线中非润湿相曲线的形态。图 4-5 为非润湿相系数影响下无量纲润湿相饱和度的沿程分布曲线，分别展示了非润湿相系数值 b 为 2.50、3.00、3.54 时，无量纲润湿相饱和度随无量纲坐标位置的沿程分布曲线。从图中可以看出：非润湿相系数对渗吸作用效果影响一般，但对整个无量纲润湿相饱和度沿程分布都有影响，非润湿相系数越小，无量纲润湿相饱和度渗吸前缘推进越远。

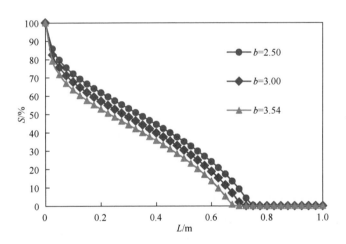

图 4-5　非润湿相系数影响下无量纲润湿相饱和度的沿程分布曲线（逆向渗吸）

5. 油水黏度比 μ_o/μ_w

分析油水黏度比影响时，固定水相黏度 $\mu_w=1.0$，改变油相黏度。图 4-6 为油水黏度比影响下无量纲润湿相饱和度的沿程分布曲线，分别给出了油水黏度比 μ_o/μ_w 为 0.5、1.0、1.5 时，无量纲润湿相饱和度随无量纲坐标位置的沿程分布曲线。从图中可以看出：油水黏度比对渗吸作用效果影响一般，但对整个无量纲润湿相饱和度沿程分布都有影响，油水黏度比越小，无量纲润湿相饱和度渗吸前缘推进越远。

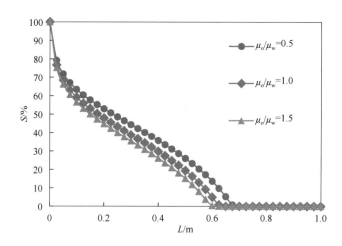

图 4-6　油水黏度比影响下无量纲润湿相饱和度的沿程分布曲线（逆向渗吸）

4.2　压裂液同向渗吸数学模型及参数敏感性分析

4.2.1　同向渗吸模型建立

1. 物理模型

压裂液-原油同向渗吸置换一维模型如图 4-7 所示。可以将压裂液与原油同向置换过程简化成一个毛管压力为主导作用力的一维模型，模型左端是压裂液与原油接触面，右端是流体渗流出口，在毛管压力和重力的共同作用下，压裂液从模型左端吸入，在物质守恒的约束下，驱替原油从模型的右端析出。综上所述，模型基本假设包括：储层均质、各向同性、岩石微可压缩；考虑渗吸两相渗流，符合层流特征，流体微可压缩；压裂液为润湿相流体，原油为非润湿相流体，流体之间非混相，不发生任何物理、化学反应；考虑毛管压力、重力作用；等温渗流，流体在基质中渗吸流动规律符合达西定律。

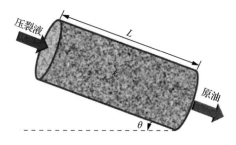

图 4-7　压裂液-原油同向渗吸置换一维模型

2. 数学模型

建立一维正交坐标系如图 4-7 所示，已知模型均质，各向同性，长为 L，与水平夹角为 θ，储层绝对渗透率为 k。

1）基本方程

基于假设的等温渗流过程，流体在基质中渗吸流动规律符合达西定律，考虑重力作用，润湿相（压裂液）和非润湿相（原油）流体运动方程可以分别表述为

$$V_{\mathrm{w}} = -\frac{kk_{\mathrm{rw}}}{\mu_{\mathrm{w}}}\left(\frac{\partial p_{\mathrm{w}}}{\partial x} + \rho_{\mathrm{w}}g\sin\theta\right) \tag{4-18}$$

$$V_{\mathrm{o}} = -\frac{kk_{\mathrm{ro}}}{\mu_{\mathrm{o}}}\left(\frac{\partial p_{\mathrm{o}}}{\partial x} + \rho_{\mathrm{o}}g\sin\theta\right) \tag{4-19}$$

毛管压力梯度可以表述为非润湿相流体与润湿相流体的压力梯度差：

$$\frac{\partial p_{\mathrm{c}}}{\partial x} = \frac{\partial p_{\mathrm{o}}}{\partial x} - \frac{\partial p_{\mathrm{w}}}{\partial x} \tag{4-20}$$

润湿相流体由模型左端吸入，驱替非润湿相流体从右端析出，考虑到岩石和流体的微可压缩，整个过程孔隙体积内流体总量守恒。因此，润湿相与非润湿相流体的渗流速度满足：

$$V_{\mathrm{o}} = V_{\mathrm{w}} \tag{4-21}$$

一维模型，流体饱和度方程有

$$\phi\frac{\partial S_{\mathrm{w}}}{\partial t} + \frac{\partial V_{\mathrm{w}}}{\partial x} = 0 \tag{4-22}$$

综合式（4-18）～式（4-22），可以整理得到

$$\phi\frac{\partial S_{\mathrm{w}}}{\partial t} + \frac{\partial}{\partial x}\left[\frac{k_{\mathrm{rw}}{}^{*}S^{a}k_{\mathrm{ro}}{}^{*}(1-S)^{b}}{k_{\mathrm{rw}}{}^{*}S^{a}\mu_{\mathrm{o}} - k_{\mathrm{ro}}{}^{*}(1-S)^{b}\,\mu_{\mathrm{w}}}\left(\frac{\partial p_{\mathrm{c}}}{\partial x} - \Delta\rho g\sin\theta\right)\right] = 0 \tag{4-23}$$

式中，$\Delta\rho = \rho_{\mathrm{w}} - \rho_{\mathrm{o}}$。

结合无因次化、相对渗透率曲线及毛管压力表达式，式（4-23）可以转化为无量纲表达式：

$$\frac{\partial S}{\partial T} + A\frac{1}{\partial X}\left[f(S)\left(\frac{\partial J(S)}{\partial S}\frac{\partial S}{\partial X} - \frac{L}{\sigma}\sqrt{\frac{k}{\phi}}\Delta\rho g\sin\theta\right)\right] = 0 \tag{4-24}$$

式中，$A = \dfrac{\mu_{\mathrm{w}}}{1 - S_{\mathrm{or}} - S_{\mathrm{wi}}}$；　$f(S) = \dfrac{k_{\mathrm{rw}}{}^{*}S^{a}k_{\mathrm{ro}}{}^{*}(1-S)^{b}}{k_{\mathrm{rw}}{}^{*}S^{a}\mu_{\mathrm{o}} - k_{\mathrm{ro}}{}^{*}(1-S)^{b}\,\mu_{\mathrm{w}}}$。

初始饱和度分布一致，都为束缚水（润湿相）饱和度，因此初始条件有

$$S = 0 \qquad T=0, \qquad 0 \leqslant X \leqslant 1 \tag{4-25}$$

接触面含油饱和度为残余油（非润湿相）饱和度，左端边界条件有

$$S = 1 \qquad T \geqslant 0, \qquad X=0 \tag{4-26}$$

右端出口，边界条件有

$$S = 0 \qquad T \geqslant 0, \qquad X=1 \tag{4-27}$$

2）模型求解

式（4-24）为非齐次方程，需要借助数值进行求解。将模型等分为 N 个网格，对式（4-24）进行离散化，代入边界条件，建立方程组，使用隐式差分矩阵迭代求解，可以得到不同时间节点对应的润湿相饱和度分布情况。

基于以上计算结果，置换率（采收率）可以表征为

$$\eta = \frac{1 - S_{\mathrm{or}} - S_{\mathrm{wi}}}{\left(1 - S_{\mathrm{wi}}\right)L} \int\limits_0^L S \mathrm{d}X \tag{4-28}$$

4.2.2　同向渗吸模型参数敏感性分析

基于控制变量法，基础模型参数：$k_{\mathrm{rw}}^{*}=0.3$，$k_{\mathrm{ro}}^{*}=1.0$，$a=2.65$，$b=3.54$，$\mu_{\mathrm{o}}=0.5\mathrm{mPa \cdot s}$，$\mu_{\mathrm{w}}=1\mathrm{mPa \cdot s}$，$\theta=0°$，选用 $J(S)=B\ln S$ 为 J 函数与无量纲润湿相饱和度 S 的表达式，B 取值为 1.0。绘制不同变量数值下对应的无量纲润湿相饱和度随无量纲坐标位置的沿程分布曲线图。从曲线分析可以看出，参数敏感性从大到小排序为润湿相系数＞润湿相最大相对渗透率值＞油水黏度比＞非润湿相系数＞非润湿相最大相对渗透率值。图 4-8～图 4-12 分别为非润湿相最大相对渗透率值 k_{ro}^{*}、润湿相最大相对渗透率值 k_{rw}^{*}、润湿相系数 a、非润湿相系数 b 和油水黏

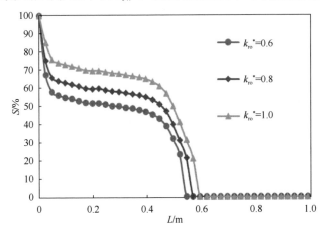

图 4-8　非润湿相最大相对渗透率值影响下无量纲润湿相饱和度沿程分布曲线（同向渗吸）

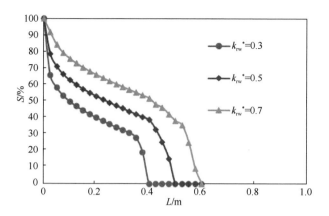

图 4-9　润湿相最大相对渗透率值影响下无量纲润湿相饱和度沿程分布曲线（同向渗吸）

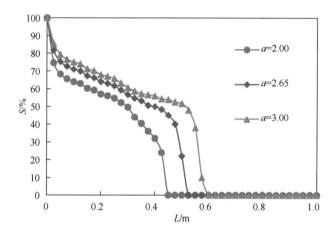

图 4-10　润湿相系数影响下无量纲润湿相饱和度沿程分布曲线（同向渗吸）

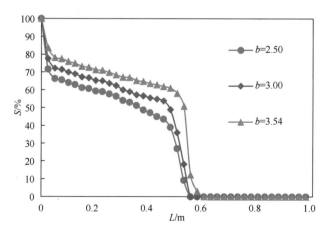

图 4-11　非润湿相系数影响下无量纲润湿相饱和度沿程分布曲线（同向渗吸）

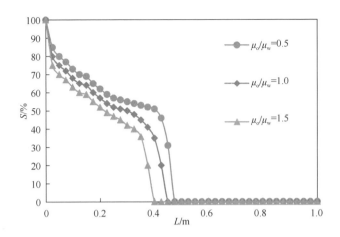

图 4-12　油水黏度比影响下无量纲润湿相饱和度沿程分布曲线（同向渗吸）

度比 μ_o/μ_w 5 个参数影响下的沿程分布曲线，每个参数影响的基本规律与逆向渗吸相同。

4.3　渗透压油水渗吸置换模型及参数敏感性分析

4.3.1　考虑渗透压的渗吸模型建立

1. 物理模型

致密砂岩储层黏土矿物的存在为渗透压置换提供了条件，渗透压置换模型如图 4-13 所示。当储层内流体与置换流体之间存在盐浓度差时，低盐度水相在渗透压作用下，通过黏土构建的半透膜进入储层内部，驱替油相从大孔喉渗出。

模型基本假设包括：储层均质、各向同性、岩石微可压缩；考虑渗吸两相渗流，符合层流特征，流体微可压缩；压裂液为润湿相流体，原油为非润湿相流体，盐只溶于润湿相流体，流体之间非混相，不发生任何物理、化学反应；考虑毛管压力、重力、盐浓度影响；等温渗流，流体在基质中渗吸流动规律符合达西定律。

2. 数学模型

Marine 和 Fritz 于 1981 年描述的渗透压公式为[3]

$$\pi = \frac{RT}{V} \ln \frac{a_{\mathrm{I}}}{a_{\mathrm{II}}} \tag{4-29}$$

式中，π 为渗透压，MPa；R 为常数项，数值等于 0.00831MPa·L/(K·mol)；T 为温度，K；V 为水摩尔体积，0.018L/mol；a_{I} 为低矿化度水摩尔分数，%；a_{II} 为高矿化度水摩尔分数，%。

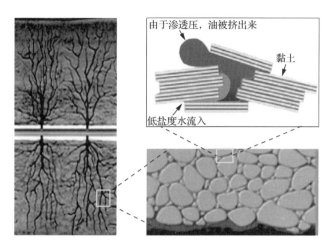

图 4-13　渗透压置换模型示意图（后附彩图）

对于逆向渗吸模型，式（4-6）可以转化为

$$\phi\frac{\partial S_{\mathrm{w}}}{\partial t} + \frac{\partial}{\partial x}\left[\frac{kk_{\mathrm{rw}}k_{\mathrm{ro}}}{k_{\mathrm{ro}}\mu_{\mathrm{w}} + k_{\mathrm{rw}}\mu_{\mathrm{o}}}\left(\frac{\partial p_{\mathrm{c}}}{\partial x} - \Delta\rho g\sin\theta - \frac{\partial\pi}{\partial x}\right)\right] = 0 \qquad (4\text{-}30)$$

对于逆向渗吸模型，式（4-10）的转化表达式为

$$\frac{\partial S}{\partial T} + A\frac{1}{\partial X}\left[f(S)\left(\frac{\partial J(S)}{\partial S}\frac{\partial S}{\partial X} - \frac{L}{\sigma}\sqrt{\frac{k}{\phi}}\Delta\rho g\sin\theta - \frac{1}{\sigma}\sqrt{\frac{k}{\phi}}\frac{\partial\pi}{\partial X}\right)\right] = 0 \qquad (4\text{-}31)$$

离散化方程有

$$-A\frac{\nabla T}{\nabla X^2}f\left(S^{m+1}_{i-\frac{1}{2}}\right)\frac{\partial J(S)}{\partial S}S^{m+1}_{i-1}\left[1 + A\frac{\nabla T}{\nabla X^2}\left(f\left(S^{m+1}_{i+\frac{1}{2}}\right)\frac{\partial J(S)}{\partial S} + f\left(S^{m+1}_{i-\frac{1}{2}}\right)\frac{\partial J(S)}{\partial S}\right)S^{m+1}_i\right]$$

$$-A\frac{\nabla T}{\nabla X^2}f\left(S^{m+1}_{i+\frac{1}{2}}\right)\frac{\partial J(S)}{\partial S}S^{m+1}_{i+1} = S^m_i + A\frac{\nabla T}{\nabla X}\left[f\left(S^{m+1}_{i+\frac{1}{2}}\right) - f\left(S^{m+1}_{i-\frac{1}{2}}\right)\right]\frac{L}{\sigma}\sqrt{\frac{k}{\phi}}\Delta\rho g\sin\theta$$

$$+\frac{A}{\sigma}\sqrt{\frac{k}{\phi}}\frac{\Delta T}{\Delta X}\left[\left(\pi^m_{i+1} - \pi^m_i\right)f\left(S^m_{i+\frac{1}{2}}\right) - \left(\pi^m_i - \pi^m_{i-1}\right)f\left(S^m_{i-\frac{1}{2}}\right)\right]$$

$$(4\text{-}32)$$

式（4-31）离散化后，假定储层外部流体盐浓度不变，每个时间步需要对储层内部各网格流体水摩尔分数进行重新计算。如果网格等分离散，那么计算方程有

$$a_i^{m+1} = \frac{a_{i-1}^m \left(S_i^{m+1} - S_i^m + \sum_{i+1}^N \left(S_j^{m+1} - S_j^m \right) \right) + a_i^m \left(S_i^m + S_c - \sum_{i+1}^N \left(S_j^{m+1} - S_j^m \right) \right)}{S_i^{m+1} + S_c} \quad (4\text{-}33)$$

对于同向渗吸模型，式（4-23）可以改写为

$$\phi \frac{\partial S_w}{\partial t} + \frac{\partial}{\partial x} \left[\frac{k k_{rw} k_{ro}}{k_{ro}\mu_w - k_{rw}\mu_o} \left(\frac{\partial p_c}{\partial x} - \Delta\rho g \sin\theta - \frac{\partial \pi}{\partial x} \right) \right] = 0 \quad (4\text{-}34)$$

离散方程参照式（4-32）。

只考虑盐浓度渗透压作用时，式（4-30）和式（4-34）都可以简化为

$$\frac{\partial S}{\partial T} = A \frac{1}{\partial X} \left[\frac{1}{\sigma} \sqrt{\frac{k}{\phi}} \frac{\partial \pi}{\partial X} f(S) \right] \quad (4\text{-}35)$$

离散化方程有

$$S_i^{m+1} = S_i^m + \frac{A}{\sigma} \sqrt{\frac{k}{\phi}} \frac{\Delta T}{\Delta X^2} \left[\left(\pi_{i+1}^m - \pi_i^m \right) f\left(S_{i+\frac{1}{2}}^m \right) - \left(\pi_i^m - \pi_{i-1}^m \right) f\left(S_{i-\frac{1}{2}}^m \right) \right] \quad (4\text{-}36)$$

4.3.2 考虑渗透压的渗吸模型参数敏感性分析

基于控制变量法，基础模型参数：$k_{rw}^* = 0.3$，$k_{ro}^* = 1.0$，$a = 2.65$，$b = 3.54$，$\mu_o = 0.5 mPa\cdot s$，$\mu_w = 1 mPa\cdot s$，$\theta = 0°$，$\sigma = 10.7 mN/m$，$k = 0.2 mD$，$\Phi = 0.06$，选用 $J(S) = B\ln S$ 为 J 函数与无量纲润湿相饱和度 S 的表达式，B 取值为 1.0。绘制不同变量数值下对应的无量纲润湿相饱和度随无量纲坐标位置的沿程分布曲线图。

1. 只考虑盐浓度渗透压作用

图 4-14 的渗透压置换模型无量纲润湿相饱和度沿程分布曲线与图 4-15 的渗透压置换模型矿化度沿程分布曲线展示了只考虑盐浓度渗透压模型，储层内矿化度为 50000mg/L，用清水和 25000mg/L 矿化度的流体进行置换。从对比曲线可以看出：盐浓度差越大，置换越明显，无量纲润湿相饱和度沿程变化有一个推进前缘，饱和度沿程先减小后增大再减小，最后趋于 0；矿化度沿程变化逐渐增大，最后无量纲润湿相趋于储层内矿化度值。

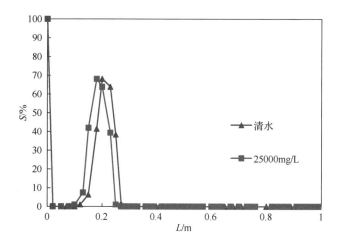

图 4-14　渗透压置换模型无量纲润湿相饱和度沿程分布曲线

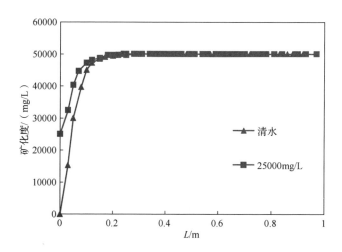

图 4-15　渗透压置换模型矿化度沿程分布曲线

2. 考虑逆向渗吸及盐浓度渗透压作用

图 4-16 的渗吸+渗透压置换模型无量纲润湿相饱和度沿程分布曲线与图 4-17 的渗吸+渗透压置换模型矿化度沿程分布曲线展示了考虑逆向渗吸及盐浓度渗透压共同作用的曲线图，储层内矿化度为 50000mg/L，用清水和 25000mg/L 矿化度的流体进行渗吸置换。从对比曲线可以看出，盐浓度差越大，渗吸置换推进越明显，渗透压置换大多发生在置换中段。

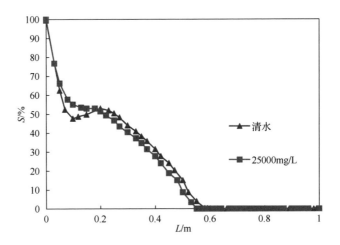

图 4-16　渗吸+渗透压置换模型无量纲润湿相饱和度沿程分布曲线

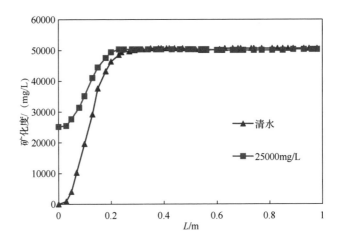

图 4-17　渗吸+渗透压置换模型矿化度沿程分布曲线

非润湿相最大相对渗透率值影响相对渗透率曲线的非润湿相端点。图 4-18 的非润湿相最大相对渗透率值影响下无量纲润湿相饱和度沿程分布曲线与图 4-19 的非润湿相最大相对渗透率值影响下润湿相矿化度沿程分布曲线展示了非润湿相最大相对渗透率值 k_{ro}^* 为 0.6、0.8、1.0 时，无量纲润湿相饱和度和矿化度随无量纲坐标位置沿程分布曲线。从图中可以看出：非润湿相最大相对渗透率值对渗吸作用效果影响不明显，但对整个无量纲润湿相饱和度沿程分布都有影响，非润湿相最大相对渗透率值越大，无量纲润湿相饱和度渗吸前缘推进越远。

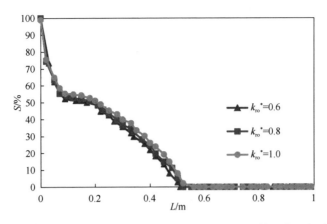

图 4-18　非润湿相最大相对渗透率值影响下无量纲润湿相饱和度沿程分布曲线

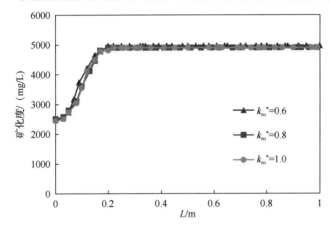

图 4-19　非润湿相最大相对渗透率值影响下润湿相矿化度沿程分布曲线

　　润湿相最大相对渗透率值影响相对渗透率曲线的润湿相端点。图 4-20 的润湿相最大相对渗透率值影响下无量纲润湿相饱和度沿程分布曲线与图 4-21 的润湿相最大相对渗透率值影响下润湿相矿化度沿程分布曲线展示了润湿相最大相对渗透率值 k_{rw}^{*} 为 0.1、0.2、0.3 时，无量纲润湿相饱和度和矿化度随无量纲坐标位置沿程分布曲线。从图中可以看出：润湿相最大相对渗透率值对渗吸作用效果影响较为显著，主要体现对前缘推进端的影响，润湿相最大相对渗透率值越大，无量纲润湿相饱和度渗吸前缘推进越远。

　　润湿相系数主要影响相对渗透率曲线中润湿相曲线的形态。图 4-22 的润湿相系数影响下无量纲润湿相饱和度沿程分布曲线与图 4-23 的润湿相系数影响下润湿相矿化度沿程分布曲线展示了润湿相系数值 a 为 2.00、2.65、3.00 时，无量纲润湿相饱和度和矿化度随无量纲坐标位置沿程分布曲线。从图中可以看出：润湿相系数对渗吸作用效果影响也较为显著，基本对整个无量纲润湿相饱和度分布都有影响，特别是推进端的饱和度分布，润湿相系数越小，无量纲润湿相饱和度渗吸前缘推进越远。

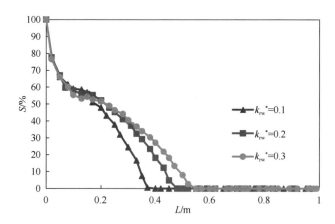

图 4-20　润湿相最大相对渗透率值影响下无量纲润湿相饱和度沿程分布曲线

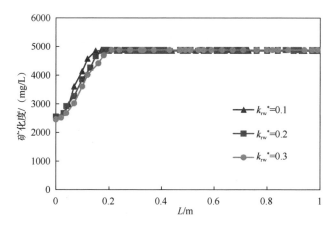

图 4-21　润湿相最大相对渗透率值影响下润湿相矿化度沿程分布曲线

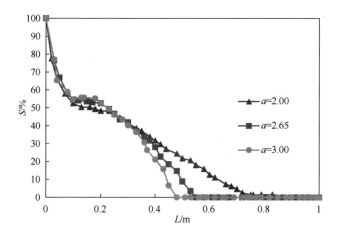

图 4-22　润湿相系数影响下无量纲润湿相饱和度沿程分布曲线

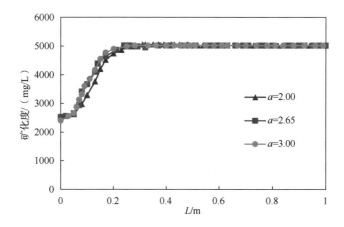

图 4-23　润湿相系数影响下润湿相矿化度沿程分布曲线

　　非润湿相系数主要影响相对渗透率曲线中非润湿相曲线的形态。图 4-24 的非润湿相系数影响下无量纲润湿相饱和度沿程分布曲线与图 4-25 的非润湿相系数影响下润湿相矿化度沿程分布曲线展示了非润湿相系数值 b 为 2.50、3.00、3.54 时，无量纲润湿相饱和度和矿化度随无量纲坐标位置沿程分布曲线。从图中可以看出：非润湿相系数对渗吸作用效果影响一般，但对整个无量纲润湿相饱和度沿程分布都有影响，非润湿相系数越小，无量纲润湿相饱和度渗吸前缘推进越远。

　　分析油水黏度比影响时，固定水相黏度 $\mu_w = 1.0$，改变油相黏度。图 4-26 的油水黏度比影响下无量纲润湿相饱和度沿程分布曲线与图 4-27 的油水黏度比影响下润湿相矿化度沿程分布曲线给出了油水黏度比 μ_o / μ_w 为 0.5、1.0、1.5 时，无量纲润湿相饱和度和矿化度随无量纲坐标位置沿程分布曲线。从图中可以看出：油水黏度比对渗吸作用效果影响一般，但对整个无量纲润湿相饱和度沿程分布都有影响，油水黏度比越小，无量纲润湿相饱和度渗吸前缘推进越远。

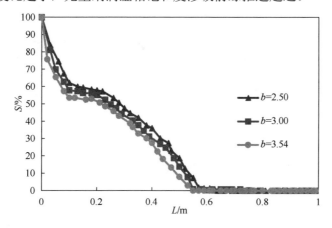

图 4-24　非润湿相系数影响下无量纲润湿相饱和度沿程分布曲线

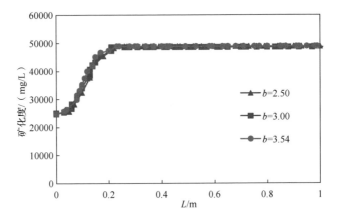

图 4-25　非润湿相系数影响下润湿相矿化度沿程分布曲线

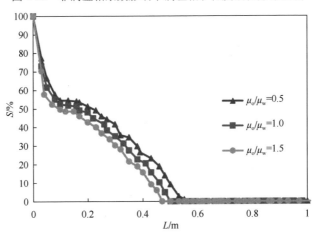

图 4-26　油水黏度比影响下无量纲润湿相饱和度沿程分布曲线

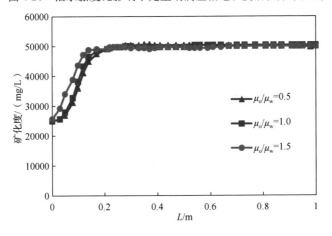

图 4-27　油水黏度比影响下润湿相矿化度沿程分布曲线

4.4　压裂液渗吸数学模型实例应用研究

4.4.1　岩样挑选及拟合步骤

1. 岩样挑选

实例中的致密砂岩岩心取自长庆油田三个区块，岩心长度为 3.208～3.478cm，岩心直径为 2.5cm 左右，孔隙度为 3.21%～8.53%（平均 5.09%），渗透率为 0.039～0.189mD（平均 0.083mD），润湿性测试显示为亲水岩心。岩心渗吸实验使用质量法进行测量，润湿相为蒸馏水，非润湿相为煤油，黏度为 1.87mPa·s，界面张力约为 10.7mN/m。压裂液渗吸数学模型实例岩样列表，如表 4-1 所示。

表 4-1　压裂液渗吸数学模型实例岩样列表

编号	井名	深度/m	地区	岩心长度/cm	岩心直径/cm	孔隙度/%	渗透率/mD
9	庄 25	1736.24	合水	3.380	2.532	6.39	0.084
22	安 97	2135.75	定边	3.478	2.522	3.40	0.039
29	安 72	2424	姬塬	3.394	2.518	3.21	0.053
36	西 217	2034.18	庆城	3.386	2.500	4.71	0.075
41	西 213	2073.4	陇东	3.208	2.510	8.53	0.189
49	里 49	2207	华池	3.424	2.522	4.30	0.059

2. 模型参数校正

模型计算具体步骤如下：

（1）数据收集，如岩心长度、孔隙度、渗透率、相对渗透率曲线、压汞曲线等测试数据，并依据表达式对数据进行无量纲化；

（2）基于 Corey 方程拟合相对渗透率曲线，获取拟合参数；

（3）将上述参数代入离散化方程构建的方程组中，利用矩阵求解出任意时间下润湿相饱和度随无量纲坐标位置的沿程分布；

（4）对润湿相饱和度沿无量纲坐标位置积分，参照置换率公式就可以求出任意时间下的置换率，从曲线中可以获取渗吸稳定时间及对应的油相置换率。

4.4.2　实例应用

使用 Corey 方程表征相对渗透率曲线：

$$k_{rw} = k_{rw}^{*} S^{a}；\quad k_{ro} = k_{ro}^{*} \left(1 - S\right)^{b}；\quad S = \frac{S_{w} - S_{wi}}{1 - S_{or} - S_{wi}} \qquad (4\text{-}37)$$

J 函数表示毛管压力：

$$P_c = J(S)\sigma\sqrt{\frac{\phi}{k}}; \quad J(S) = c\exp(dS) \tag{4-38}$$

实例与计算模型校正：

$$\eta_{实验} = \alpha\eta_{计算}; \quad T_{实验} = \beta T_{计算} \tag{4-39}$$

式中，α 为油相置换率系数；β 为渗吸稳定时间系数。

基于 Corey 方程，拟合实例岩样相对渗透率曲线，实例岩样参数拟合结果如表 4-2 所示。

表 4-2　实例岩样参数拟合结果

编号	井名	k_{rw}^{*}	k_{ro}^{*}	a	b	c	d	$\eta_{实验}$	$\eta_{计算}$	α	β
9	庄 25	0.1543	1	3.5	2.4	0.0062	3.8088	0.224	0.27	0.83	5
22	安 97	0.3993	1	1.8	8	0.009	4.4272	0.098	0.131	0.75	150
29	安 72	0.2015	1	3.2	1.8	0.007	3.7535	0.096	0.314	0.31	20
36	西 217	0.158	1	3.3	2	0.002	4.2297	0.176	0.281	0.70	20
41	西 213	0.2287	1	5	0.8	0.0024	4.2192	0.154	0.301	0.51	10
49	里 49	0.1886	1	5	0.9	0.0087	3.9678	0.152	0.197	0.77	60

22 号岩心 J 函数与相对渗透率曲线参数拟合图，分别如图 4-28 与图 4-29 所示。从图 4-28 与图 4-29 可以看出，J 函数与标准化非润湿相饱和度 S 拟合较好，相关性较强。

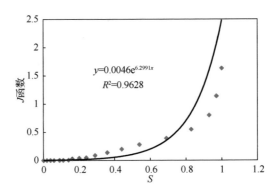

图 4-28　22 号岩心 J 函数拟合

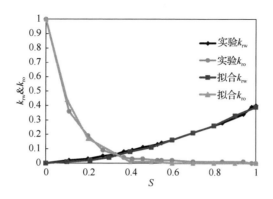

图 4-29　22 号岩心相对渗透率曲线参数拟合

　　41 号岩心 J 函数与相对渗透率曲线参数拟合图，分别如图 4-30 与图 4-31 所示。从图 4-30 与图 4-31 可以看出，J 函数与标准化非润湿相饱和度 S 拟合较好，相关性较强。

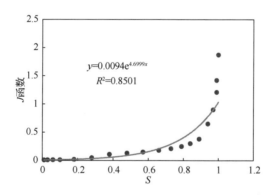

图 4-30　41 号岩心 J 函数拟合

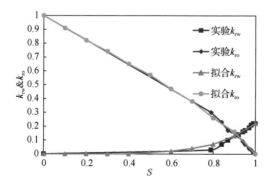

图 4-31　41 号岩心相对渗透率曲线参数拟合

从图4-32的渗吸稳定时间系数β值与润湿相最大相对渗透率k_{rw}^*关系曲线、图4-33的置换率计算值$\eta_{计算}$与非润湿相系数b值关系曲线、图4-34的置换率计算值$\eta_{计算}$与润湿相系数a值关系曲线、图4-35的置换率计算值$\eta_{计算}$与最大相对渗透率k_{rw}^*关系曲线可以看出，每个曲线拟合度较高，相关性较强。

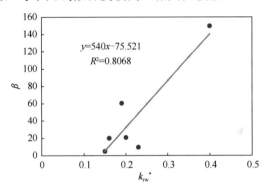

图4-32 β值与k_{rw}^*关系曲线

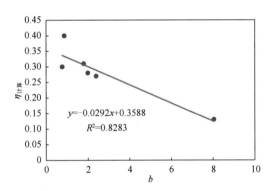

图4-33 置换率计算值与b值关系曲线

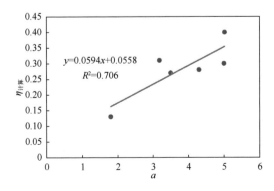

图4-34 置换率计算值与a值关系曲线

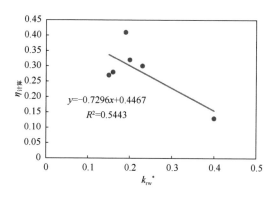

图 4-35 置换率计算值与 k_{rw}^* 关系曲线

从图 4-33 置换率计算值 $\eta_{计算}$ 与 b 值关系曲线可以看出，置换率计算值 $\eta_{计算}$ 与非润湿相系数 b 值有较好的线性相关性。这是因为水相相对渗透率曲线值一般较小，曲线形态单一，润湿相系数 a 值变化范围不大，而所取岩样油相相对渗透率曲线形态变化幅度较大，对计算结果影响更为明显。置换率计算值 $\eta_{计算}$ 相关表达式为

$$\eta_{计算} = -0.0298b + 0.3629 \tag{4-40}$$

22 号岩心、29 号岩心、36 号岩心、49 号岩心置换率拟合图如图 4-36～图 4-39 所示，从图中可以看出，每个曲线拟合度均较高，相关性较强。渗吸稳定时间系数与润湿相最大相对渗透率相关表达式为

$$\beta = 544.44k_{rw}^* - 76.553 \tag{4-41}$$

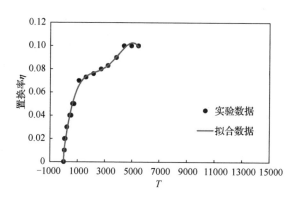

图 4-36 22 号岩心置换率拟合

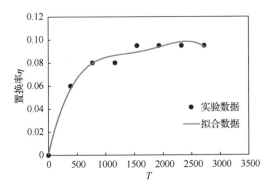

图 4-37　29 号岩心置换率拟合

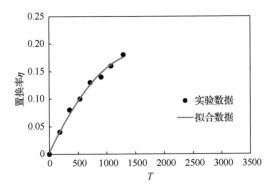

图 4-38　36 号岩心置换率拟合

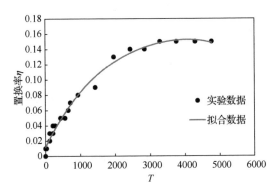

图 4-39　49 号岩心置换率拟合

4.5　软件编制

4.5.1　软件界面

当前，关于致密砂岩储层渗吸置换机理的数值模拟研究已经取得一些认识：半解析模型方面，计秉玉等[4]、徐晖等[5]、Faruk 等[6]基于毛管压力曲线考虑渗吸作用建立了裂缝性低渗透油藏水驱油模型。李帅等[7]基于饱和度方程给出了一维两相同向渗吸模型的求解方法。

但上述这些研究建立的渗吸数值模拟模型大多针对特定储层，尚未实现界面的可视化，并不利于现场工程师优化设计使用。因此，本节基于 4.1.1 和 4.2.1 小节建立的致密砂岩储层渗吸数学模型开发了针对致密砂岩储层岩石特点的渗吸数值模拟软件。软件主要包括考虑渗透压影响和不考虑渗透压影响两个模块。软件界面左侧为基础参数输入界面，右侧为图件显示界面，显示包括无量纲润湿相饱和度沿程分布曲线及渗吸置换率与渗吸时间关系曲线，同时具备显式和隐式两种算法及导入实际渗吸数据的拟合功能。考虑渗透压影响模块和不考虑渗透压影响模块分别如图 4-40 和图 4-41 所示。

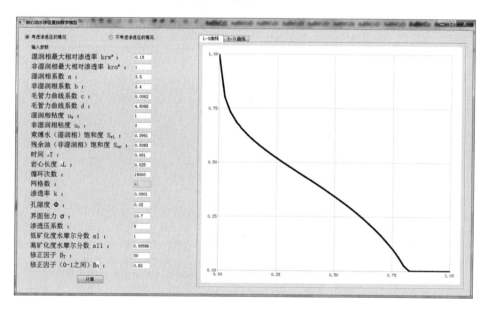

图 4-40　考虑渗透压影响模块

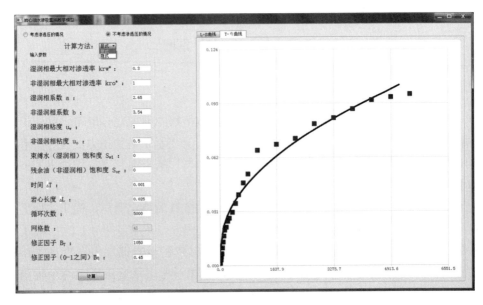

图 4-41　不考虑渗透压影响模块

4.5.2　软件代码

1. 主界面代码

```cpp
#include "mainwindow.h"
#include "ui_mainwindow.h"
#include <QHBoxLayout>
#include "datainput.h"
#include "osmoticpressure.h"
#include "displayarea.h"
#include "osmoticchoice.h"
#include <QDebug>
MainWindow::MainWindow(QWidget *parent) :
    QMainWindow(parent),
    ui(new Ui::MainWindow),
    m_pCentralWidget(new QWidget(this)),
    m_pHLayout(new QHBoxLayout),
    //m_pDataInput(new DataInput(m_pCentralWidget)),
    m_pDisplayArea(new DisplayArea(m_pCentralWidget)),
    m_pOsmoticChoice(new OsmoticChoice(m_pCentralWidget))
{
    ui->setupUi(this);
    setWindowTitle(QStringLiteral("岩心油水渗吸置换数学模型"));
    //qDebug() << m_pDataInput->minimumHeight() << "\n";
    //setMinimumHeight(m_pDataInput->minimumHeight());
```

```
        //m_pHLayout->addWidget(m_pDataInput);
        m_pHLayout->addWidget(m_pOsmoticChoice);
        m_pHLayout->addWidget(m_pDisplayArea);
        m_pCentralWidget->setLayout(m_pHLayout);
        setCentralWidget(m_pCentralWidget);
        connect(m_pOsmoticChoice->NoOsmoticObj(), &DataInput::
sendLSCurve,
                m_pDisplayArea, &DisplayArea::displayLSCurve);
        connect(m_pOsmoticChoice->NoOsmoticObj(), &DataInput::
sendTEtaCurve,
                m_pDisplayArea, &DisplayArea::displayTEtaCurve);
        connect(m_pOsmoticChoice->OsmoticObj(),
&OsmoticPressure::sendLSCurve,
                m_pDisplayArea, &DisplayArea::displayLSCurve);
        connect(m_pOsmoticChoice->OsmoticObj(),
&OsmoticPressure::sendTEtaCurve,
                m_pDisplayArea, &DisplayArea::displayTEtaCurve);
        /*
        connect(m_pDataInput, &DataInput::sendLSCurve,
                m_pDisplayArea, &DisplayArea::displayLSCurve);
        */
    }
    MainWindow::~MainWindow()
```

2. 核心算法代码

```
    #include "corealgs.h"
    #include <QPair>
    #include <QVector>
    #include <cmath>
    using namespace std;
    #define INTEGRAL_STEP   100

    ResultDataSet ExplicitAlgs::coreAlgs(const ParamDataSet &pds)
    {
        QVector<double> L_(pds.grids);
        QVector<double> S_(pds.grids);
        QVector<double> tmp(pds.grids);
        double AA = pds.uw / (1 - pds.Sor - pds.Swi);
        double m = AA * pds.dT / (pds.dL * pds.dL);
        //init data
        L_[0] = 0.0;
        S_[0] = 1.0;
        tmp[0] = 1.0;
        for(int i = 1; i < L_.size(); ++i) {
            L_[i] = L_[i-1] + pds.dL;
```

```
            S_[i] = 0.0;
            tmp[i] = 0.0;
        }
        double k;
        int i, j;
        for(j = 0; j < pds.times; ++j) {
            for (i = 1; i < L_.size() - 1; ++i) {
                k = m * _func(S_[i-1], S_[i], pds) * S_[i-1] +
                    (1 - m * (_func(S_[i], S_[i+1], pds) + _func(S_[i-1],
S_[i], pds))) * S_[i] + m * _func(S_[i], S_[i+1], pds) * S_[i+1];
                tmp[i] = k;
            }
            i = pds.grids - 1;
            k = S_[i] - m * _func(S_[i-1], S_[i], pds) * (S_[i] -
S_[i-1]) / pds.dL;
            tmp[i] = k;
            for(i = 0; i < pds.grids; ++i) {
                S_[i] = tmp[i];
            }
        }
        return {L_, S_};
    }
    ResultDataSet ExplicitAlgs::integralToTEta(const ParamDataSet
& pds)
    {
        QVector<double> L_(pds.grids);
        QVector<double> S_(pds.grids);
        QVector<double> tmp(pds.grids);
        double AA = pds.uw / (1 - pds.Sor - pds.Swi);
        double m = AA * pds.dT / (pds.dL * pds.dL);
        //init data
        L_[0] = 0.0;
        S_[0] = 1.0;
        tmp[0] = 1.0;
        for(int i = 1; i < L_.size(); ++i) {
            L_[i] = L_[i-1] + pds.dL;
            S_[i] = 0.0;
            tmp[i] = 0.0;
        }
        QVector<double> T_;
        QVector<double> Eta_;
        T_.reserve(static_cast<int>(pds.times / INTEGRAL_STEP + 1));
        Eta_.reserve(static_cast<int>(pds.times / INTEGRAL_STEP + 1));
        T_.append(0.0);
        Eta_.append(0.0);
        double k;
```

```
        int i, j;
        for(j = 0; j < pds.times; ++j) {
            for (i = 1; i < L_.size() - 1; ++i) {
                k = m * _func(S_[i-1], S_[i], pds) * S_[i-1] +
                    (1 - m * (_func(S_[i], S_[i+1], pds) + _func(S_[i-1],
S_[i], pds))) * S_[i] + m * _func(S_[i], S_[i+1], pds) * S_[i+1];
                tmp[i] = k;
            }
            i = pds.grids - 1;
            k = S_[i] - m * _func(S_[i-1], S_[i], pds) * (S_[i] -
S_[i-1]) / pds.dL;
            tmp[i] = k;
            for(i = 0; i < pds.grids; ++i) {
                S_[i] = tmp[i];
            }
            //integral
            if((j % INTEGRAL_STEP) == 0) {
                double sum = 0.;
                for(int i = 0; i < pds.grids; i++)
                    sum += S_[i];
                //T_[numbers] = j * dt;
                //Eta_[numbers] = XS * dx * sum;
                T_.push_back(j*pds.dT);
                //Eta_.push_back(XS * dx * sum);
                Eta_.push_back(0.0133 * sum);
                //numbers++;
            }
        }
        //return {L_, S_};
        return {T_, Eta_};
    }
    double ExplicitAlgs::_func(double s1, double s2, const
ParamDataSet &pds)
    {
        double m, n, f;
        //m = pds.krw * pow(s1, pds.a - 1);
        m = pds.krw * pow(abs(s1), pds.a - 1);
        n = pds.kro * pow((1 - s2), pds.b);
        f = m * n / (m * pds.uo + n * pds.uw);
        return f;
    }
    ResultDataSet ImplicitAlgs::coreAlgs(const ParamDataSet &pds)
    {
        QVector<double> L_(pds.grids);
        QVector<double> S_(pds.grids);
        QVector<double> sw(pds.grids);
```

```
QVector<double> aa(pds.grids - 1);
QVector<double> bb(pds.grids);
QVector<double> cc(pds.grids - 1);
QVector<double> dd(pds.grids);
QVector<double> uu(pds.grids);
QVector<double> ll(pds.grids - 1);
QVector<double> yy(pds.grids);
QVector<double> xx(pds.grids);
L_[0] = 0.0;
S_[0] = 1.0;
for(int i = 1; i < L_.size(); ++i) {
    L_[i] = L_[i-1] + pds.dL;
    S_[i] = 0.0;
}
double n = pds.grids;
double AA = pds.uw / (1 - pds.Sor - pds.Swi);
double k = AA * pds.dT / (pds.dL * pds.dL);
sw[0] = 1.0;
for(int i = 1; i < sw.size(); ++i) {
    sw[i] = 0.0;
}
int i, j;
for(j = 0; j < pds.times; ++j) {
    //aa length : n-1
    for(i = 1; i < aa.size() + 1; ++i) {
        aa[i-1] = - k * _func(sw[i-1], sw[i], pds);
    }
    bb[0] = 1 + k * _func(sw[0], sw[1], pds);
    bb[n-1] = 1 + k * _func(sw[n-2], sw[n-1], pds);
    for(i = 1; i < n-1; i++) {
        bb[i] = 1 + k * (_func(sw[i], sw[i+1], pds) +
_func(sw[i-1], sw[i], pds));
    }
    //cc length : n-1
    for(i = 0; i < cc.size(); ++i) {
        cc[i] = -k * _func(sw[i], sw[i+1], pds);
    }
    for(i = 0; i < dd.size(); ++i) {
        dd[i] = sw[i];
    }
    //ll length : n-1
    uu[0] = bb[0];
    for(i = 1; i < uu.size(); ++i) {
        ll[i - 1] = aa[i - 1] / uu[i - 1];
        uu[i] = bb[i] - ll[i - 1] * cc[i - 1];
    }
```

```
            yy[0] = dd[0];
            for(i = 1; i < yy.size(); ++i) {
                yy[i] = dd[i] - ll[i-1] * yy[i-1];
            }
            xx[n-1] = 0.0;
            for(int m = 1; m < n; ++m) {
                i = n - m - 1;
                xx[i] = (yy[i] - cc[i] * xx[i+1]) / uu[i];
            }
            sw[0] = 1.0;
            for(i = 1; i < n; i++) {
                sw[i] = xx[i];
            }
        }
        S_ = sw;
        return {L_, S_};
    }
    ResultDataSet ImplicitAlgs::integralToTEta(const ParamDataSet
& pds)
    {
        QVector<double> L_(pds.grids);
        QVector<double> S_(pds.grids);
        QVector<double> sw(pds.grids);
        QVector<double> aa(pds.grids - 1);
        QVector<double> bb(pds.grids);
        QVector<double> cc(pds.grids - 1);
        QVector<double> dd(pds.grids);
        QVector<double> uu(pds.grids);
        QVector<double> ll(pds.grids - 1);
        QVector<double> yy(pds.grids);
        QVector<double> xx(pds.grids);

        L_[0] = 0.0;
        S_[0] = 1.0;
        for(int i = 1; i < L_.size(); ++i) {
            L_[i] = L_[i-1] + pds.dL;
            S_[i] = 0.0;
        }
        QVector<double> T_;
        QVector<double> Eta_;
        T_.reserve(static_cast<int>(pds.times / INTEGRAL_STEP + 1));
        Eta_.reserve(static_cast<int>(pds.times / INTEGRAL_STEP + 1));
        T_.append(0.0);
        Eta_.append(0.0);
        double n = pds.grids;
        double AA = pds.uw / (1 - pds.Sor - pds.Swi);
```

```
double k = AA * pds.dT / (pds.dL * pds.dL);
sw[0] = 1.0;
for(int i = 1; i < sw.size(); ++i) {
    sw[i] = 0.0;
}
int i, j;
for(j = 0; j < pds.times; ++j) {
    //aa length : n-1
    for(i = 1; i < aa.size() + 1; ++i) {
        aa[i-1] = - k * _func(sw[i-1], sw[i], pds);
    }
    bb[0] = 1 + k * _func(sw[0], sw[1], pds);
    bb[n-1] = 1 + k * _func(sw[n-2], sw[n-1], pds);
    for(i = 1; i < n-1; i++) {
        bb[i] = 1 + k * (_func(sw[i], sw[i+1], pds) + _func
(sw[i-1], sw[i], pds));
    }
    //cc length : n-1
    for(i = 0; i < cc.size(); ++i) {
        cc[i] = -k * _func(sw[i], sw[i+1], pds);
    }
    for(i = 0; i < dd.size(); ++i) {
        dd[i] = sw[i];
    }
    //ll length : n-1
    uu[0] = bb[0];
    for(i = 1; i < uu.size(); ++i) {
        ll[i - 1] = aa[i - 1] / uu[i - 1];
        uu[i] = bb[i] - ll[i - 1] * cc[i - 1];
    }
    yy[0] = dd[0];
    for(i = 1; i < yy.size(); ++i) {
        yy[i] = dd[i] - ll[i-1] * yy[i-1];
    }
    xx[n-1] = 0.0;
    for(int m = 1; m < n; ++m) {
        i = n - m - 1;
        xx[i] = (yy[i] - cc[i] * xx[i+1]) / uu[i];
    }
    sw[0] = 1.0;
    for(i = 1; i < n; i++) {
        sw[i] = xx[i];
    }
    //integral
    if((j % INTEGRAL_STEP) == 0) {
        double sum = 0.;
```

```
                    for(int i = 0; i < n; i++)
                        sum += sw[i];
                    //T_[numbers] = j * dt;
                    //Eta_[numbers] = XS * dx * sum;
                    T_.push_back(j*pds.dT);
                    //Eta_.push_back(XS * dx * sum);
                    Eta_.push_back(0.0133 * sum);
                    //numbers++;
                }
            }
            S_ = sw;
            //return {L_, S_};
            return {T_, Eta_};
        }
        double ImplicitAlgs::_func(double s1, double s2, const
ParamDataSet &pds)
        {
            double m, n, f;
            //m = pds.krw * pow(s1, pds.a - 1);
            m = pds.krw * pow(abs(s1), pds.a - 1);
            n = pds.kro * pow((1 - s2), pds.b);
            f = m * n / (m * pds.uo + n * pds.uw);
            return f;
        }
        ResultDataSet ConsiderOsmoticAlgs::coreAlgs(const NoOPParamDataSet
&pds)
        {
            QVector<double> aa(pds.grids - 1);  //2 to n
            QVector<double> bb(pds.grids);
            QVector<double> cc(pds.grids - 1);  //1 to n-1
            QVector<double> dd(pds.grids);
            QVector<double> uu(pds.grids);
            QVector<double> ll(pds.grids - 1);  //2 to n
            QVector<double> sw(pds.grids);
            QVector<double> yy(pds.grids);
            QVector<double> xx(pds.grids);
            QVector<double> YQa(pds.grids);
            QVector<double> YQb(pds.grids);
            double Sc = pds.Swi / (1. - pds.Sor - pds.Swi);
            double r = pds.uw / (1 - pds.Sor - pds.Swi);
            //double dt = pds.dT;
            //double dx = pds.dL;
            double times = pds.times;
            double n = pds.grids;
            double k = r * pds.dT / (pds.dL * pds.dL);
            double e = pds.opc * sqrt(pds.k / pds.phi) / pds.sigma;
```

```
//double numbers = 2;
//double Sor = pds.Sor;
//double Sci = pds.Swi;
//double XS = (1. - pds.Sor - pds.Swi) / (1. - pds.Swi);
QVector<double> L_(pds.grids);
QVector<double> S_(pds.grids);
L_[0] = 0.0;
S_[0] = 1.0;
for(int i = 1; i < L_.size(); ++i) {
    L_[i] = L_[i-1] + pds.dL;
    S_[i] = 0.0;
}
YQa[0] = pds.al;
for(int i = 1; i < n; ++i) {
    YQa[i] = pds.all;
}
for(int j = 0; j < times; ++j) {
    for(int i = 0; i < n-1; ++i) {
        YQb[i] = 138.5 * log(YQa[i] / YQa[i+1]);
    }
    YQb[n-1] = 0.0;
    //N - 1
    for(int i = 1; i < n; ++i) {
        aa[i-1] = -k * _func(S_[i-1], S_[i], pds);
    }
    bb[0] = 1. + k * _func(S_[0], S_[1], pds);
    bb[n-1] = 1. + k * _func(S_[n-2], S_[n-1], pds);
    for(int i = 1; i < n-1; ++i) {
        bb[i] = 1. + k * (_func(S_[i], S_[i+1], pds) + _func
(S_[i-1], S_[i], pds));
    }
    //N - 1
    for(int i = 0; i < n-1; ++i) {
        cc[i] = -k * _func(S_[i], S_[i+1], pds);
    }
    dd[0] = S_[0];
    for(int i = 1; i < n-1; i++) {
        dd[i] = S_[i] + e * k *
                ( (YQb[i+1]-YQb[i])*_func(S_[i],S_[i+1],pds)
- (YQb[i]-YQb[i-1])*_func(S_[i-1], S_[i], pds) );
    }
    dd[n-1] = S_[n-1] + e * k *
                ( -(YQb[n-1] - YQb[n-2]) * _func(S_[n-2],
S_[n-1], pds) );
    uu[0] = bb[0];
    for(int i = 1; i < n; i++) {
```

```
            ll[i-1] = aa[i-1] / uu[i-1];
            uu[i] = bb[i] - ll[i-1] * cc[i-1];
        }
        yy[0] = dd[0];
        for(int i = 1; i < n; i++) {
            yy[i] = dd[i] - ll[i-1] * yy[i-1];
        }
        xx[n-1] = 0.0;
        for(int m = 0; m < n-1; m++) {
            int i = n - m - 1;    // i = n-1 -> 1
            xx[i-1] = (yy[i-1] - cc[i-1]*xx[i]) / uu[i-1];
        }
        YQa[0] = pds.al;
        for(int i = 1; i < n-1; i++) {
            double SH = 0.;
            for(int m = i+1; m < n; m++) {
                SH += xx[m] - S_[m];
            }
            YQa[i] = ( YQa[i-1] * (xx[i]-S_[i]+SH) + YQa[i] * (S_[i]
+ Sc - SH) )/(xx[i] + Sc);
        }
        YQa[n-1] = ( YQa[n-2] * (xx[n-1]-S_[n-1]) + YQa[n-1] *
(S_[n-1] + Sc) )/(xx[n-1] + Sc);
        S_[0] = 1.;
        for(int i = 1; i < n; i++)
            S_[i] = xx[i];
        //integral
    }
    return {L_, S_};
}
ResultDataSet ConsiderOsmoticAlgs::integralToTEta(const
NoOPParamDataSet & pds)
{
    QVector<double> aa(pds.grids - 1);  //2 to n
    QVector<double> bb(pds.grids);
    QVector<double> cc(pds.grids - 1);  //1 to n-1
    QVector<double> dd(pds.grids);
    QVector<double> uu(pds.grids);
    QVector<double> ll(pds.grids - 1);  //2 to n
    QVector<double> sw(pds.grids);
    QVector<double> yy(pds.grids);
    QVector<double> xx(pds.grids);
    QVector<double> YQa(pds.grids);
    QVector<double> YQb(pds.grids);
    double Sc = pds.Swi / (1. - pds.Sor - pds.Swi);
    double r = pds.uw / (1 - pds.Sor - pds.Swi);
```

```
double dt = pds.dT;
double dx = pds.dL;
double times = pds.times;
double n = pds.grids;
double k = r * pds.dT / (pds.dL * pds.dL);
double e = pds.opc * sqrt(pds.k / pds.phi) / pds.sigma;
int numbers = 0;
//double Sor = pds.Sor;
//double Sci = pds.Swi;
double XS = (1. - pds.Sor - pds.Swi) / (1. - pds.Swi);
QVector<double> T_;
QVector<double> Eta_;
T_.reserve(static_cast<int>(times / INTEGRAL_STEP + 1));
Eta_.reserve(static_cast<int>(times / INTEGRAL_STEP + 1));
T_.append(0.0);
Eta_.append(0.0);
QVector<double> L_(pds.grids);
QVector<double> S_(pds.grids);
L_[0] = 0.0;
S_[0] = 1.0;
for(int i = 1; i < L_.size(); ++i) {
    L_[i] = L_[i-1] + pds.dL;
    S_[i] = 0.0;
}
YQa[0] = pds.al;
for(int i = 1; i < n; ++i) {
    YQa[i] = pds.all;
}
for(int j = 0; j < times; ++j) {
    for(int i = 0; i < n-1; ++i) {
        YQb[i] = 138.5 * log(YQa[i] / YQa[i+1]);
    }
    YQb[n-1] = 0.0;
    //N - 1
    for(int i = 1; i < n; ++i) {
        aa[i-1] = -k * _func(S_[i-1], S_[i], pds);
    }
    bb[0] = 1. + k * _func(S_[0], S_[1], pds);
    bb[n-1] = 1. + k * _func(S_[n-2], S_[n-1], pds);
    for(int i = 1; i < n-1; ++i) {
        bb[i] = 1. + k * (_func(S_[i], S_[i+1], pds) + _func
(S_[i-1], S_[i], pds));
    }
    //N - 1
    for(int i = 0; i < n-1; ++i) {
        cc[i] = -k * _func(S_[i], S_[i+1], pds);
```

```
                }
                dd[0] = S_[0];
                for(int i = 1; i < n-1; i++) {
                    dd[i] = S_[i] + e * k *
                            ( (YQb[i+1]-YQb[i])*_func(S_[i],S_[i+1],pds)
- (YQb[i]-YQb[i-1])*_func(S_[i-1], S_[i], pds) );
                }
                dd[n-1] = S_[n-1] + e * k *
                            ( -(YQb[n-1] - YQb[n-2]) * _func(S_[n-2],
S_[n-1], pds) );
                uu[0] = bb[0];
                for(int i = 1; i < n; i++) {
                    ll[i-1] = aa[i-1] / uu[i-1];
                    uu[i] = bb[i] - ll[i-1] * cc[i-1];
                }
                yy[0] = dd[0];
                for(int i = 1; i < n; i++) {
                    yy[i] = dd[i] - ll[i-1] * yy[i-1];
                }
                xx[n-1] = 0.0;
                for(int m = 0; m < n-1; m++) {
                    int i = n - m - 1;    // i = n-1 -> 1
                    xx[i-1] = (yy[i-1] - cc[i-1]*xx[i]) / uu[i-1];
                }
                YQa[0] = pds.al;
                for(int i = 1; i < n-1; i++) {
                    double SH = 0.;
                    for(int m = i+1; m < n; m++) {
                        SH += xx[m] - S_[m];
                    }
                    YQa[i] = ( YQa[i-1] * (xx[i]-S_[i]+SH) + YQa[i] * (S_[i]
+ Sc - SH) )/(xx[i] + Sc);
                }
                YQa[n-1] = ( YQa[n-2] * (xx[n-1]-S_[n-1]) + YQa[n-1] *
(S_[n-1] + Sc) )/(xx[n-1] + Sc);
                S_[0] = 1.;
                for(int i = 1; i < n; i++)
                    S_[i] = xx[i];
                //integral
                if((j % INTEGRAL_STEP) == 0) {
                    double sum = 0.;
                    for(int i = 0; i < n; i++)
                        sum += S_[i];
                    //T_[numbers] = j * dt;
                    //Eta_[numbers] = XS * dx * sum;
                    T_.push_back(j*dt);
```

```
                    Eta_.push_back(XS * dx * sum);
                    numbers++;
                }
            }
            return {T_, Eta_};
            //return {L_, S_};
        }
        double ConsiderOsmoticAlgs::_func(double s1, double s2, const
NoOPParamDataSet &pds)
        {
            double m, n, f;
            //m = pds.krw * pow(s1, pds.a - 1);
            m = pds.krw * pow(abs(s1), pds.a - 1);
            n = pds.kro * pow((1 - s2), pds.b);
            f = m * n / (m * pds.uo + n * pds.uw);
            return f;
        }
        void ApplyCorrectnessFactor(ResultDataSet &dat, double xf,
double yf)
        {
            for(auto & x : dat.first) {
                x *= xf;
            }
            for(auto & y : dat.second) {
                y *= yf;
            }
        }
```

3. 渗透压模块代码

```
        #include "osmoticchoice.h"
        #include "ui_osmoticchoice.h"
        #include "datainput.h"
        #include "osmoticpressure.h"
        #include <QDebug>
        #include <QLabel>
        OsmoticChoice::OsmoticChoice(QWidget *parent) :
            QWidget(parent),
            ui(new Ui::OsmoticChoice)
        {
            ui->setupUi(this);
            ui->osPressure->setChecked(true);
            ui->stackedWidget->removeWidget(ui->noOsPage);
            ui->stackedWidget->removeWidget(ui->osPage);
            //QLabel *label = new QLabel("temp");
            OsmoticPressure *op = new OsmoticPressure();
```

```
    DataInput *dataInput = new DataInput();
    ui->stackedWidget->addWidget(op);
    ui->stackedWidget->addWidget(dataInput);
    setSizePolicy(QSizePolicy::Fixed, QSizePolicy::Fixed);
    qDebug() << "Stacked Widget count :" << ui->stackedWidget->
count();
}
OsmoticChoice::~OsmoticChoice()
{
    delete ui;
}
DataInput *OsmoticChoice::NoOsmoticObj() const
{
    return static_cast<DataInput*>(ui->stackedWidget->widget(0));
}
OsmoticPressure *OsmoticChoice::OsmoticObj() const
{
    return static_cast<OsmoticPressure*>(ui->stackedWidget->
widget(1));
}
void OsmoticChoice::on_osPressure_clicked()
{
    ui->stackedWidget->setCurrentIndex(0);
}
void OsmoticChoice::on_noOsPressure_clicked()
{
    ui->stackedWidget->setCurrentIndex(1);
}
#include "osmoticpressure.h"
#include "ui_osmoticpressure.h"
#include "waitingspinnerwidget.h"
#include <QDoubleValidator>
#include <QDebug>
#include <QDialog>
#include "spinnerdialog.h"
OsmoticPressure::OsmoticPressure(QWidget *parent) :
    QWidget(parent),
    ui(new Ui::OsmoticPressure)
{
    ui->setupUi(this);
    m_pSpinnerDlg = new SpinnerDialog(this);
    initData();
    m_pAlgs = new ConsiderOsmoticAlgs;
    ui->gridLE->setEnabled(false);
}
OsmoticPressure::~OsmoticPressure()
```

```cpp
{
    delete ui;
}
void OsmoticPressure::handleResult()
{
    qDebug() << "Thread finished";
    ResultDataSet TEta_ = m_TEta;
    ApplyCorrectnessFactor(TEta_, m_noppds.Bt, m_noppds.Beta);
    emit sendLSCurve(m_LS);
    emit sendTEtaCurve(TEta_);
    qDebug() << "********************Emitted****************";
}
/*
    double krw;
    double kro;
    double a;
    double b;
    double c;
    double d;
    double uo;
    double uw;
    double Swi;
    double Sor;
    double dT;
    double dL;
    double times;
    int grids;
    double k;
    double phi;
    double sigma;
    double al;
    double all;
    double opc;
    double Bt;
    double Beta;
*/
    int DECIMAL = 100000000;
    //krw
    QDoubleValidator *validator = new QDoubleValidator(0.0, 1.0,
DECIMAL);
    validator->setNotation(QDoubleValidator::StandardNotation);
    ui->krwLE->setValidator(validator);
```

```cpp
ui->krwLE->setText(QString("%1").arg(m_noppds.krw));
//kro
validator = new QDoubleValidator(0.0, 1.0, DECIMAL);
validator->setNotation(QDoubleValidator::StandardNotation);
ui->kroLE->setValidator(validator);
ui->kroLE->setText(QString("%1").arg(m_noppds.kro));
//a
validator = new QDoubleValidator(0.0, 20.0, DECIMAL);
validator->setNotation(QDoubleValidator::StandardNotation);
ui->aLE->setValidator(validator);
ui->aLE->setText(QString("%1").arg(m_noppds.a));
//b
validator = new QDoubleValidator(0.0, 20., DECIMAL);
validator->setNotation(QDoubleValidator::StandardNotation);
ui->bLE->setValidator(validator);
ui->bLE->setText(QString("%1").arg(m_noppds.b));
//c
validator = new QDoubleValidator(0.0, 20., DECIMAL);
validator->setNotation(QDoubleValidator::StandardNotation);
ui->cLE->setValidator(validator);
ui->cLE->setText(QString("%1").arg(m_noppds.c));
//d
validator = new QDoubleValidator(0.0, 20., DECIMAL);
validator->setNotation(QDoubleValidator::StandardNotation);
ui->dLE->setValidator(validator);
ui->dLE->setText(QString("%1").arg(m_noppds.d));
//uo
validator = new QDoubleValidator(0.0, 100., DECIMAL);
validator->setNotation(QDoubleValidator::StandardNotation);
ui->uoLE->setValidator(validator);
ui->uoLE->setText(QString("%1").arg(m_noppds.uo));
//uw
validator = new QDoubleValidator(0.0, 100., DECIMAL);
validator->setNotation(QDoubleValidator::StandardNotation);
ui->uwLE->setValidator(validator);
ui->uwLE->setText(QString("%1").arg(m_noppds.uw));
//swi
validator = new QDoubleValidator(0.0, 1.0, DECIMAL);
validator->setNotation(QDoubleValidator::StandardNotation);
ui->SwiLE->setValidator(validator);
ui->SwiLE->setText(QString("%1").arg(m_noppds.Swi));
```

```
//sor
validator = new QDoubleValidator(0.0, 1.0, DECIMAL);
validator->setNotation(QDoubleValidator::StandardNotation);
ui->SorLE->setValidator(validator);
ui->SorLE->setText(QString("%1").arg(m_noppds.Sor));
//dT
validator = new QDoubleValidator(0.0, 0.5, DECIMAL);
validator->setNotation(QDoubleValidator::StandardNotation);
ui->dTLE->setValidator(validator);
ui->dTLE->setText(QString("%1").arg(m_noppds.dT));
//dL
validator = new QDoubleValidator(0.0, 1.0, DECIMAL);
validator->setNotation(QDoubleValidator::StandardNotation);
ui->dLLE->setValidator(validator);
ui->dLLE->setText(QString("%1").arg(m_noppds.dL));
//times
validator = new QDoubleValidator(0.0, 50000., DECIMAL);
validator->setNotation(QDoubleValidator::StandardNotation);
ui->timesLE->setValidator(validator);
ui->timesLE->setText(QString("%1").arg(m_noppds.times));
//grid
validator = new QDoubleValidator(0.0, 1000., DECIMAL);
validator->setNotation(QDoubleValidator::StandardNotation);
ui->gridLE->setValidator(validator);
ui->gridLE->setText(QString("%1").arg(m_noppds.grids));
//k
validator = new QDoubleValidator(0.0, 10000., DECIMAL);
validator->setNotation(QDoubleValidator::StandardNotation);
ui->kLE->setValidator(validator);
ui->kLE->setText(QString("%1").arg(m_noppds.k));
//phi
validator = new QDoubleValidator(0.0, 10000., DECIMAL);
validator->setNotation(QDoubleValidator::StandardNotation);
ui->phiLE->setValidator(validator);
ui->phiLE->setText(QString("%1").arg(m_noppds.phi));
//sigma
validator = new QDoubleValidator(0.0, 10000., DECIMAL);
validator->setNotation(QDoubleValidator::StandardNotation);
ui->sigmaLE->setValidator(validator);
ui->sigmaLE->setText(QString("%1").arg(m_noppds.sigma));
//al
validator = new QDoubleValidator(0.0, 1.0, DECIMAL);
validator->setNotation(QDoubleValidator::StandardNotation);
ui->alLE->setValidator(validator);
ui->alLE->setText(QString("%1").arg(m_noppds.al));
```

```
      //all
      validator = new QDoubleValidator(0.0, 1.0, DECIMAL);
      validator->setNotation(QDoubleValidator::StandardNotation);
      ui->allLE->setValidator(validator);
      ui->allLE->setText(QString("%1").arg(m_noppds.all));
      //opc
      validator = new QDoubleValidator(0.0, 1000., DECIMAL);
      validator->setNotation(QDoubleValidator::StandardNotation);
      ui->opcLE->setValidator(validator);
      ui->opcLE->setText(QString("%1").arg(m_noppds.opc));
      //Bt
      validator = new QDoubleValidator(0.0, 5000, DECIMAL);
      validator->setNotation(QDoubleValidator::StandardNotation);
      ui->BtLE->setValidator(validator);
      ui->BtLE->setText(QString("%1").arg(m_noppds.Bt));
      //Beta
      validator = new QDoubleValidator(0.0, 2.0, DECIMAL);
      validator->setNotation(QDoubleValidator::StandardNotation);
      ui->BetaLE->setValidator(validator);
      ui->BetaLE->setText(QString("%1").arg(m_noppds.Beta));
  }
  void OsmoticPressure::on_computePB_clicked()
  {
      if(m_bNeedReCalc) {
          //put calculation in thread
          ConsiderOPThread *thread = new ConsiderOPThread(this);
          connect(thread, &ConsiderOPThread::finished, this,
&OsmoticPressure::handleResult);
          connect(thread, &ConsiderOPThread::finished, m_pSpinnerDlg,
&SpinnerDialog::close);
          thread->start();
          m_pSpinnerDlg->exec();
      }else{
          //handle result directly
          handleResult();
      }
  }
  void ConsiderOPThread::run()
  {
      m_pOP->m_LS = m_pOP->m_pAlgs->coreAlgs(m_pOP->m_noppds);
      m_pOP->m_TEta = m_pOP->m_pAlgs->integralToTEta(m_pOP->
m_noppds);
      m_pOP->m_bNeedReCalc = false;
  }
  void OsmoticPressure::on_BtLE_editingFinished()
```

```
{
    m_noppds.Bt = ui->BtLE->text().toDouble();
}
void OsmoticPressure::on_BetaLE_editingFinished()
{
    m_noppds.Beta = ui->BetaLE->text().toDouble();
}
void OsmoticPressure::on_krwLE_editingFinished()
{
    m_noppds.krw = ui->krwLE->text().toDouble();
    m_bNeedReCalc = true;
}
void OsmoticPressure::on_kroLE_editingFinished()
{
    m_noppds.kro = ui->kroLE->text().toDouble();
    m_bNeedReCalc = true;
}
void OsmoticPressure::on_aLE_editingFinished()
{
    m_noppds.a = ui->aLE->text().toDouble();
    m_bNeedReCalc = true;
}
void OsmoticPressure::on_bLE_editingFinished()
{
    m_noppds.b = ui->bLE->text().toDouble();
    m_bNeedReCalc = true;
}
void OsmoticPressure::on_cLE_editingFinished()
{
    m_noppds.c = ui->cLE->text().toDouble();
    m_bNeedReCalc = true;
}
void OsmoticPressure::on_dLE_editingFinished()
{
    m_noppds.d = ui->dLE->text().toDouble();
    m_bNeedReCalc = true;
}
void OsmoticPressure::on_uwLE_editingFinished()
{
    m_noppds.uw = ui->uwLE->text().toDouble();
    m_bNeedReCalc = true;
}
void OsmoticPressure::on_uoLE_editingFinished()
{
    m_noppds.uo = ui->uoLE->text().toDouble();
```

```cpp
        m_bNeedReCalc = true;
    }
    void OsmoticPressure::on_SwiLE_editingFinished()
    {
        m_noppds.Swi = ui->SwiLE->text().toDouble();
        m_bNeedReCalc = true;
    }
    void OsmoticPressure::on_SorLE_editingFinished()
    {
        m_noppds.Sor = ui->SorLE->text().toDouble();
        m_bNeedReCalc = true;
    }
    void OsmoticPressure::on_dTLE_editingFinished()
    {
        m_noppds.dT = ui->dTLE->text().toDouble();
        m_bNeedReCalc = true;
    }
    void OsmoticPressure::on_dLLE_editingFinished()
    {
        m_noppds.dL = ui->dLLE->text().toDouble();
        m_bNeedReCalc = true;
        m_noppds.grids = static_cast<int>((1. / m_noppds.dL) + 1);
        ui->gridLE->setText(QString("%1").arg(m_noppds.grids));
    }
    void OsmoticPressure::on_timesLE_editingFinished()
    {
        m_noppds.times = ui->timesLE->text().toDouble();
        m_bNeedReCalc = true;
    }
    void OsmoticPressure::on_kLE_editingFinished()
    {
        m_noppds.k = ui->kLE->text().toDouble();
        m_bNeedReCalc = true;
    }
    void OsmoticPressure::on_phiLE_editingFinished()
    {
        m_noppds.phi = ui->phiLE->text().toDouble();
        m_bNeedReCalc = true;
    }
    void OsmoticPressure::on_sigmaLE_editingFinished()
    {
        m_noppds.sigma = ui->sigmaLE->text().toDouble();
        m_bNeedReCalc = true;
    }
    void OsmoticPressure::on_opcLE_editingFinished()
```

```
    {
        m_noppds.opc = ui->opcLE->text().toDouble();
        m_bNeedReCalc = true;
    }
    void OsmoticPressure::on_alLE_editingFinished()
    {
        m_noppds.al = ui->alLE->text().toDouble();
        m_bNeedReCalc = true;
    }
    void OsmoticPressure::on_allLE_editingFinished()
    {
        m_noppds.all = ui->allLE->text().toDouble();
        m_bNeedReCalc = true;
    }
```

4. 数据输入及显示模块代码

```
    #include "datainput.h"
    #include "ui_datainput.h"
    #include <QDoubleValidator>
    #include "spinnerdialog.h"
    #include <QDebug>
    DataInput::DataInput(QWidget *parent) :
        QWidget(parent),
        ui(new Ui::DataInput)
    {
        ui->setupUi(this);
        m_pSpinnerDlg = new SpinnerDialog(this);
        QVariant var;
        int pt = DataInput::ExplicitProg;
        var.setValue(pt);
        ui->comboBox->addItem(QStringLiteral("显式"), var);
        pt = DataInput::ImpicitProg;
        var.setValue(pt);
        ui->comboBox->addItem(QStringLiteral("隐式"), var);
        setMinimumSize(471, 455);
        ui->comboBox->setCurrentIndex(0);
        initData();
        ui->gridLE->setEnabled(false);
        m_pExplicitAlgs = new ExplicitAlgs;
        m_pImplicitAlgs = new ImplicitAlgs;
        m_pCrtAlgs = m_pExplicitAlgs;
    }
    DataInput::~DataInput()
    {
        delete ui;
```

```cpp
}
void DataInput::handleResult()
{
    qDebug() << "Thread finished";
    ResultDataSet TEta_ = m_TEta;
    ApplyCorrectnessFactor(TEta_, m_pds.Bt, m_pds.Beta);
    emit sendLSCurve(m_LS);
    emit sendTEtaCurve(TEta_);
    qDebug() << "*******************Emitted*****************";
}
void DataInput::on_comboBox_activated(int index)
{
    QVariant var = ui->comboBox->itemData(index);
    ProgType pt = static_cast<ProgType>(var.value<int>());
    if(pt == DataInput::ExplicitProg) {
        qDebug() << "expicit prog" << "\n";
        m_pCrtAlgs = m_pExplicitAlgs;
    }else if(pt == DataInput::ImpicitProg) {
        qDebug() << "impicit prog" << "\n";
        m_pCrtAlgs = m_pImplicitAlgs;
    }
    initData();
    m_bNeedReCalc = true;
}
void DataInput::initData()
{
    ProgType pt = crtProgType();
    if(pt == DataInput::ExplicitProg) {
        m_pds.krw = 0.30;
        m_pds.kro = 1.00;
        m_pds.a = 2.65;
        m_pds.b = 3.54;
        m_pds.uo = 0.50;
        m_pds.uw = 1.00;
        m_pds.Swi = 0.0;
        m_pds.Sor = 0.0;
        m_pds.dT = 0.001;
        m_pds.dL = 0.025;
        m_pds.times = 1000;
        m_pds.grids = 41;
        //m_pds.B = 0.5;
        m_pds.Bt = 1.0;
```

```
            m_pds.Beta = 1.0;
            //krw
            int DECIMAL = 1000;
            QDoubleValidator *validator = new QDoubleValidator(0.0,
1.0, DECIMAL);
            validator->setNotation(QDoubleValidator::StandardNotation);
            ui->krwLE->setValidator(validator);
            ui->krwLE->setText(QString("%1").arg(m_pds.krw));
            //kro
            validator = new QDoubleValidator(0.0, 1.0, DECIMAL);
            validator->setNotation(QDoubleValidator::StandardNotation);
            ui->kroLE->setValidator(validator);
            ui->kroLE->setText(QString("%1").arg(m_pds.kro));
            //a
            validator = new QDoubleValidator(0.0, 20.0, DECIMAL);
            validator->setNotation(QDoubleValidator::StandardNotation);
            ui->aLE->setValidator(validator);
            ui->aLE->setText(QString("%1").arg(m_pds.a));
            //b
            validator = new QDoubleValidator(0.0, 20.0, DECIMAL);
            validator->setNotation(QDoubleValidator::StandardNotation);
            ui->bLE->setValidator(validator);
            ui->bLE->setText(QString("%1").arg(m_pds.b));
            //uo
            validator = new QDoubleValidator(0.0, 50.0, DECIMAL);
            validator->setNotation(QDoubleValidator::StandardNotation);
            ui->uoLE->setValidator(validator);
            ui->uoLE->setText(QString("%1").arg(m_pds.uo));
            //uw
            validator = new QDoubleValidator(0.0, 50.0, DECIMAL);
            validator->setNotation(QDoubleValidator::StandardNotation);
            ui->uwLE->setValidator(validator);
            ui->uwLE->setText(QString("%1").arg(m_pds.uw));
            //Swi
            validator = new QDoubleValidator(0.0, 1.0, DECIMAL);
            validator->setNotation(QDoubleValidator::StandardNotation);
            ui->SwiLE->setValidator(validator);
            ui->SwiLE->setText(QString("%1").arg(m_pds.Swi));
            //Sor
            validator = new QDoubleValidator(0.0, 1.0, DECIMAL);
            validator->setNotation(QDoubleValidator::StandardNotation);
            ui->SorLE->setValidator(validator);
            ui->SorLE->setText(QString("%1").arg(m_pds.Sor));
            //dT
            validator = new QDoubleValidator(0.0, 1.0, DECIMAL);
```

```
        validator->setNotation(QDoubleValidator::StandardNotation);
        ui->dTLE->setValidator(validator);
        ui->dTLE->setText(QString("%1").arg(m_pds.dT));
        //dL
        validator = new QDoubleValidator(0.0, 1.0, DECIMAL);
        validator->setNotation(QDoubleValidator::StandardNotation);
        ui->dLLE->setValidator(validator);
        ui->dLLE->setText(QString("%1").arg(m_pds.dL));
        //times
        validator = new QDoubleValidator(0.0, 20000., DECIMAL);
        validator->setNotation(QDoubleValidator::StandardNotation);
        ui->timesLE->setValidator(validator);
        ui->timesLE->setText(QString("%1").arg(m_pds.times));
        //grids
        validator = new QDoubleValidator(0.0, 20000., DECIMAL);
        validator->setNotation(QDoubleValidator::StandardNotation);
        ui->gridLE->setValidator(validator);
        ui->gridLE->setText(QString("%1").arg(m_pds.grids));
        //Bt
        validator = new QDoubleValidator(0.0, 10000., DECIMAL);
        validator->setNotation(QDoubleValidator::StandardNotation);
        //ui->BLE->setValidator(validator);
        //ui->BLE->setText(QString("%1").arg(m_pds.B));
        ui->BtLE->setValidator(validator);
        ui->BtLE->setText(QString("%1").arg(m_pds.Bt));
        //Beta
        validator = new QDoubleValidator(0.0, 1.0, DECIMAL);
        validator->setNotation(QDoubleValidator::StandardNotation);
        //ui->BLE->setValidator(validator);
        //ui->BLE->setText(QString("%1").arg(m_pds.B));
        ui->BetaLE->setValidator(validator);
        ui->BetaLE->setText(QString("%1").arg(m_pds.Beta));
    } else {
        m_pds.krw = 0.20;
        m_pds.kro = 1.00;
        m_pds.a = 2.65;
        m_pds.b = 3.54;
        m_pds.uo = 5.00;
        m_pds.uw = 1.00;
        m_pds.Swi = 0.0;
        m_pds.Sor = 0.0;
        m_pds.dT = 0.001;
        m_pds.dL = 0.025;
        m_pds.times = 9000;
        m_pds.grids = 41;
        //m_pds.B = 0.5;
```

```cpp
                m_pds.Bt = 1.0;
                m_pds.Beta = 1.0;
                //krw
                int DECIMAL = 3;
                QDoubleValidator *validator = new QDoubleValidator(0.0,
1.0, DECIMAL);
                validator->setNotation(QDoubleValidator::StandardNotation);
                ui->krwLE->setValidator(validator);
                ui->krwLE->setText(QString("%1").arg(m_pds.krw));
                //kro
                validator = new QDoubleValidator(0.0, 1.0, DECIMAL);
                validator->setNotation(QDoubleValidator::StandardNotation);
                ui->kroLE->setValidator(validator);
                ui->kroLE->setText(QString("%1").arg(m_pds.kro));
                //a
                validator = new QDoubleValidator(0.0, 20.0, DECIMAL);
                validator->setNotation(QDoubleValidator::StandardNotation);
                ui->aLE->setValidator(validator);
                ui->aLE->setText(QString("%1").arg(m_pds.a));
                //b
                validator = new QDoubleValidator(0.0, 20.0, DECIMAL);
                validator->setNotation(QDoubleValidator::StandardNotation);
                ui->bLE->setValidator(validator);
                ui->bLE->setText(QString("%1").arg(m_pds.b));
                //uo
                validator = new QDoubleValidator(0.0, 50., DECIMAL);
                validator->setNotation(QDoubleValidator::StandardNotation);
                ui->uoLE->setValidator(validator);
                ui->uoLE->setText(QString("%1").arg(m_pds.uo));
                //uw
                validator = new QDoubleValidator(0.0, 50.0, DECIMAL);
                validator->setNotation(QDoubleValidator::StandardNotation);
                ui->uwLE->setValidator(validator);
                ui->uwLE->setText(QString("%1").arg(m_pds.uw));
                //Swi
                validator = new QDoubleValidator(0.0, 1.0, DECIMAL);
                validator->setNotation(QDoubleValidator::StandardNotation);
                ui->SwiLE->setValidator(validator);
                ui->SwiLE->setText(QString("%1").arg(m_pds.Swi));
                //Sor
                validator = new QDoubleValidator(0.0, 1.0, DECIMAL);
                validator->setNotation(QDoubleValidator::StandardNotation);
                ui->SorLE->setValidator(validator);
                ui->SorLE->setText(QString("%1").arg(m_pds.Sor));
                //dT
                validator = new QDoubleValidator(0.0, 1.0, DECIMAL);
```

```cpp
        validator->setNotation(QDoubleValidator::StandardNotation);
        ui->dTLE->setValidator(validator);
        ui->dTLE->setText(QString("%1").arg(m_pds.dT));
        //dL
        validator = new QDoubleValidator(0.0, 1.0, DECIMAL);
        validator->setNotation(QDoubleValidator::StandardNotation);
        ui->dLLE->setValidator(validator);
        ui->dLLE->setText(QString("%1").arg(m_pds.dL));
        //times
        validator = new QDoubleValidator(0.0, 20000.0, DECIMAL);
        validator->setNotation(QDoubleValidator::StandardNotation);
        ui->timesLE->setValidator(validator);
        ui->timesLE->setText(QString("%1").arg(m_pds.times));
        //grids
        validator = new QDoubleValidator(0.0, 20000.0, DECIMAL);
        validator->setNotation(QDoubleValidator::StandardNotation);
        ui->gridLE->setValidator(validator);
        ui->gridLE->setText(QString("%1").arg(m_pds.grids));
        //Bt
        validator = new QDoubleValidator(0.0, 10000.0, DECIMAL);
        validator->setNotation(QDoubleValidator::StandardNotation);
        //ui->BLE->setValidator(validator);
        //ui->BLE->setText(QString("%1").arg(m_pds.B));
        ui->BtLE->setValidator(validator);
        ui->BtLE->setText(QString("%1").arg(m_pds.Bt));
        //Beta
        validator = new QDoubleValidator(0.0, 1.0, DECIMAL);
        validator->setNotation(QDoubleValidator::StandardNotation);
        //ui->BLE->setValidator(validator);
        //ui->BLE->setText(QString("%1").arg(m_pds.B));
        ui->BetaLE->setValidator(validator);
        ui->BetaLE->setText(QString("%1").arg(m_pds.Beta));
    }
}
DataInput::ProgType DataInput::crtProgType() const
{
    QVariant var = ui->comboBox->currentData();
    ProgType pt = static_cast<ProgType>(var.value<int>());
    return pt;
}
bool DataInput::checkDataValidation() const
{
    return true;
}
void DataInput::on_computePB_clicked()
{
```

```
          if(m_bNeedReCalc) {
              //put calculation in thread
              NoOPThread *thread = new NoOPThread(this);
              connect(thread, &NoOPThread::finished, this, &DataInput::
handleResult);
              connect(thread, &NoOPThread::finished, m_pSpinnerDlg,
&SpinnerDialog::close);
              thread->start();
              m_pSpinnerDlg->exec();
          }else{
              //handle result directly
              handleResult();
          }
      }
      void NoOPThread::run()
      {
          m_pDI->m_LS = m_pDI->m_pCrtAlgs->coreAlgs(m_pDI->m_pds);
          m_pDI->m_TEta = m_pDI->m_pCrtAlgs->integralToTEta(m_pDI->
m_pds);
          m_pDI->m_bNeedReCalc = false;
      }
      void DataInput::on_krwLE_editingFinished()
      {
          m_pds.krw = ui->krwLE->text().toDouble();
          m_bNeedReCalc = true;
      }
      void DataInput::on_kroLE_editingFinished()
      {
          m_pds.kro = ui->kroLE->text().toDouble();
          m_bNeedReCalc = true;
      }
      void DataInput::on_aLE_editingFinished()
      {
          m_pds.a = ui->aLE->text().toDouble();
          m_bNeedReCalc = true;
      }
      void DataInput::on_bLE_editingFinished()
      {
          m_pds.b = ui->bLE->text().toDouble();
          m_bNeedReCalc = true;
      }
      void DataInput::on_uwLE_editingFinished()
      {
          m_pds.uw = ui->uwLE->text().toDouble();
          m_bNeedReCalc = true;
      }
```

```cpp
void DataInput::on_uoLE_editingFinished()
{
    m_pds.uo = ui->uoLE->text().toDouble();
    m_bNeedReCalc = true;
}
void DataInput::on_SwiLE_editingFinished()
{
    m_pds.Swi = ui->SwiLE->text().toDouble();
    m_bNeedReCalc = true;
}
void DataInput::on_SorLE_editingFinished()
{
    m_pds.Sor = ui->SorLE->text().toDouble();
    m_bNeedReCalc = true;
}
void DataInput::on_dTLE_editingFinished()
{
    m_pds.dT = ui->dTLE->text().toDouble();
    m_bNeedReCalc = true;
}
void DataInput::on_dLLE_editingFinished()
{
    m_pds.dL = ui->dLLE->text().toDouble();
    m_bNeedReCalc = true;
    m_pds.grids = static_cast<int>((1. / m_pds.dL) + 1);
    ui->gridLE->setText(QString("%1").arg(m_pds.grids));
}
void DataInput::on_timesLE_editingFinished()
{
    m_pds.times = ui->timesLE->text().toDouble();
    m_bNeedReCalc = true;
}
void DataInput::on_gridLE_editingFinished()
{
    m_pds.grids = ui->gridLE->text().toDouble();
    m_bNeedReCalc;
}
void DataInput::on_BtLE_editingFinished()
{
    m_pds.Bt = ui->BtLE->text().toDouble();
}
void DataInput::on_BetaLE_editingFinished()
```

```cpp
    {
        m_pds.Beta = ui->BetaLE->text().toDouble();
    }
#include "displayarea.h"
#include "ui_displayarea.h"
#include "resultcharview.h"
#include <QHBoxLayout>
#include <QtCharts>
#include <QDebug>
using namespace QtCharts;
DisplayArea::DisplayArea(QWidget *parent) :
    QWidget(parent),
    ui(new Ui::DisplayArea),
    m_pTabWidget(new QTabWidget(this))
{
    ui->setupUi(this);
    ResultCharView *chartView;
    chartView = new ResultCharView("L", "S", m_pTabWidget);
    m_pTabWidget->addTab(chartView, QStringLiteral("L-S 曲线"));
    m_pLSChart = chartView;
    chartView = new ResultCharView("T", QStringLiteral("η"),
m_pTabWidget);
    chartView->setCanUpload(true);
    m_pTabWidget->addTab(chartView, QStringLiteral("T-η 曲线"));
    m_pTEtaChart = chartView;
    QHBoxLayout *layout = new QHBoxLayout;
    layout->addWidget(m_pTabWidget);
    setLayout(layout);
    setMinimumSize(950, 400);
}
DisplayArea::~DisplayArea()
{
    delete ui;
}
void DisplayArea::displayLSCurve(const ResultDataSet &rds)
{
    qDebug() << "recieved RDS" << "\n";
    for(int i = 0; i < rds.first.size(); ++i) {
        qDebug() << rds.first[i] << "\t" << rds.second[i] << "\n";
    }
    m_pLSChart->drawResultCurve(rds);
}
```

```
void DisplayArea::displayTEtaCurve(const ResultDataSet &rds)
{
    qDebug() << "recieved RDS" << "\n";
    for(int i = 0; i < rds.first.size(); ++i) {
        qDebug() << rds.first[i] << "\t" << rds.second[i] << "\n";
    }
    m_pTEtaChart->drawResultCurve(rds);
}
```

参 考 文 献

[1] 李宪文, 刘锦, 郭钢, 等. 致密砂岩储层渗吸数学模型及应用研究[J]. 特种油气藏, 2017, 24(6): 79-83.

[2] 刘雄, 周德胜, 师煜涵, 等. 考虑渗透压的致密砂岩储层渗吸半解析数学模型[J]. 油气地质与采收率, 2018, 25(5): 93-98.

[3] MARINE I W, FRITZ S J. Osmotic model to explain anomalous hydraulic heads[J]. Water Resources Research, 1981, 17(1): 73-82.

[4] 计秉玉, 陈剑, 周锡生, 等. 裂缝性低渗透油层渗吸作用的数学模型[J]. 清华大学学报(自然科学版), 2002, 42(6): 711-725.

[5] 徐晖, 党庆涛, 秦积舜, 等. 裂缝性油藏水驱油渗吸理论及数学模型[J]. 中国石油大学学报(自然科学版), 2009, 33(3): 99-102.

[6] FARUK C, MAURICE L, RASMUSSEN. Analytical Matrix-Fracture Transfer Models For Oil Recovery by Hindered-Capillary Imbibition[C]. SPE75163, SPE/DOE Improved Oil Recovery Symposium, Tulsa, Oklahoma, 2002: 1-22.

[7] 李帅, 丁云宏, 孟迪, 等. 考虑渗吸和驱替的致密油藏体积改造实验及多尺度模拟[J]. 石油钻采工艺, 2016, 38(5): 678-683.

第5章　渗吸对储层流体渗流及后期
生产影响研究

传统意义上低渗致密砂岩储层压裂后，压裂液进入地层会对地层造成伤害。因此，工程上认为压裂施工后应快速返排，返排率越高，单井产量越大。但现场生产监测统计结果显示，大多数压裂液返排率极低的致密砂岩储层压裂后产量很高，少数储层虽然压裂液返排率高，但单井产量却相对较低，这与传统认识恰恰相反。因此，为分析致密砂岩储层该现象，本章利用岩心薄片技术和核磁技术，研究微观情况下渗吸对致密砂岩储层流体渗流以及压裂后生产的影响，分析如何充分挖掘渗吸增产的作用效果，研究结果将对现场水力压裂施工有着重要的指导意义。

5.1　渗吸对储层渗流的影响分析

5.1.1　核磁数据分析渗吸规律

1. 岩心基本参数

本节利用核磁共振 T_2 谱曲线研究渗吸对储层渗流的影响并进行分析。共选取16块岩心，记录岩心渗吸前后的核磁共振 T_2 谱。其中，对 26 号、35 号两块岩心进行了分时段测试，其余 14 块岩心进行了渗吸前后的核磁测试。岩心核磁基本参数如表 5-1。

表 5-1　岩心核磁基本参数列表

编号	井名	深度/m	地区	孔隙度/%	渗透率/mD
1	庄 164	1671.8	合水	3.04	0.0115
2	庄 164	1673.25	合水	3.87	0.0762
3	庄 164	1680.5	合水	6.39	0.084
4	庄 164	1683.1	合水	2.00	0.057
7	庄 25	1734.2	合水	5.57	0.0926
8	庄 25	1734.6	合水	4.24	0.0571
9	庄 25	1736.24	合水	3.04	0.0115
10	庄 25	1736.24	合水	3.87	0.0762
11	庄 188	1830.4	合水	6.39	0.084

续表

编号	井名	深度/m	地区	孔隙度/%	渗透率/mD
13	庄 188	1834.5	合水	2.00	0.057
24	安 72	2402.7	姬塬	4.55	0.0792
26	安 72	2410	姬塬	8.69	0.1991
27	安 72	2414	姬塬	5.04	0.0899
31	安 46	2458.7	定边	4.55	0.062
35	西 217	2031.5	庆城	6.74	0.1448
49	里 49	2207	华池	4.30	0.059

2. 岩心核磁数据分析

表 5-1 所述 16 块岩心所测核磁曲线如图 5-1～图 5-16 所示。

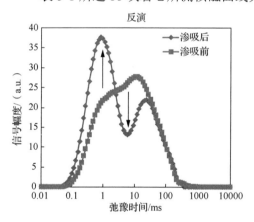

图 5-1　岩心渗吸前后核磁曲线（编号 1）　　图 5-2　岩心渗吸前后核磁曲线（编号 2）

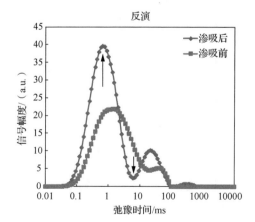

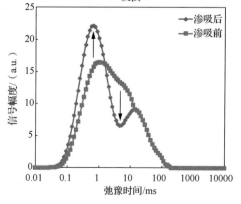

图 5-3　岩心渗吸前后核磁曲线（编号 3）　　图 5-4　岩心渗吸前后核磁曲线（编号 4）

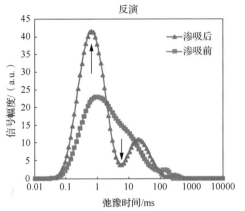

图 5-5　岩心渗吸前后核磁曲线（编号 7）

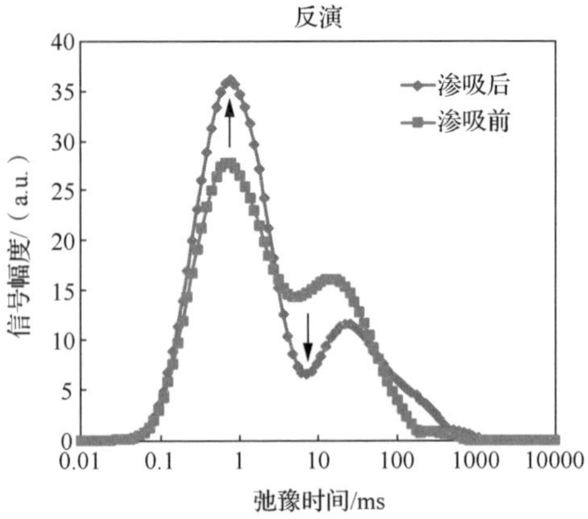

图 5-6　岩心渗吸前后核磁曲线（编号 8）

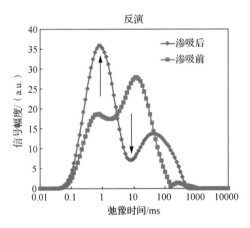

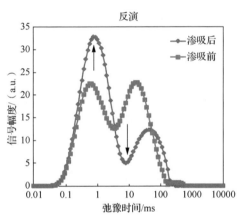

图 5-7　岩心渗吸前后核磁曲线（编号 9）

图 5-8　岩心渗吸前后核磁曲线（编号 10）

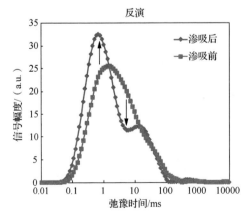

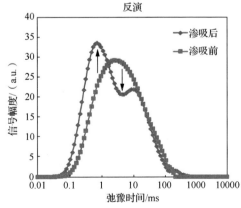

图 5-9　岩心渗吸前后核磁曲线（编号 11）

图 5-10　岩心渗吸前后核磁曲线（编号 13）

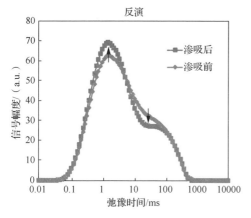

图 5-11　岩心渗吸前后核磁曲线（编号 24）

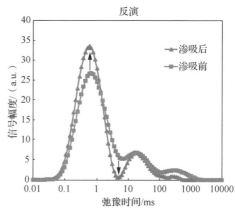

图 5-12　岩心渗吸前后核磁曲线（编号 27）

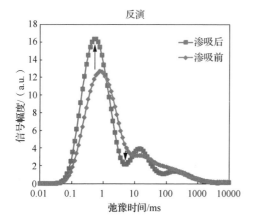

图 5-13　岩心渗吸前后核磁曲线（编号 31）

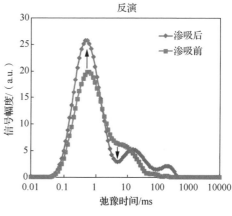

图 5-14　岩心渗吸前后核磁曲线（编号 49）

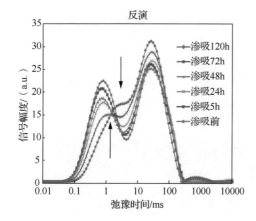

图 5-15　岩心渗吸前后核磁曲线（编号 26）

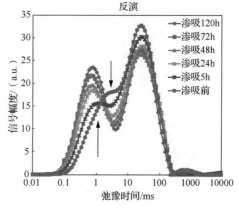

图 5-16　岩心渗吸前后核磁曲线（编号 35）

结合岩心渗吸前后核磁曲线图 5-1～图 5-16 可知，对于小孔隙区域的核磁共振 T_2 谱，渗吸前的图谱信号强度比渗吸后的图谱信号强度相对来说要低。说明小孔隙在渗吸过程中，主要是吸入液体。对于中孔隙区域的核磁共振 T_2 谱，渗吸前的图谱信号强度比渗吸后的图谱信号强度相对来说要高。说明中孔隙在渗吸过程中，主要是排出液体。对于大孔隙区域的核磁共振 T_2 谱，渗吸前后的图谱波动变化不一，没有明显向上或向下的波动趋势，说明大孔隙中的油水分布时刻在变化。简单来说，渗吸过程中小孔隙主要在吸液，中大孔隙在排液。

5.1.2 渗吸对渗流影响的核磁伪彩实验

为了更好地计量渗吸过程中油水的变化情况，改进核磁实验，加入 $MnCl_2$ 溶液，屏蔽核磁测试中水信号的干扰，并制作核磁伪彩图，分析了渗吸过程中油水的变化情况。

1. 岩心参数

选取 15 号和 23 号岩心样品，其核磁伪彩实验岩心参数如表 5-2 所示。

表 5-2　核磁伪彩实验岩心参数

编号	井名	深度/m	地区	孔隙度/%	渗透率/mD
15	庄 188	1840.12	合水	9.61	0.0871
23	安 72	2402.7	姬塬	5.47	0.0896

2. 实验仪器及方法

核磁伪彩所用试剂及渗吸实验示意图如图 5-17 所示。

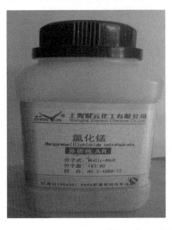 

图 5-17　核磁伪彩所用试剂及渗吸实验示意图

实验使用仪器：MesoMR23-60H-I 中尺寸核磁共振分析仪，共振频率为 23.408MHz，磁体强度为 0.55T，线圈直径为 24.4mm，磁体温度为 32℃。

置换液：40%$MnCl_2$ 溶液（静态）。

含油饱和度的致密砂岩样品已知，饱和方式：烘干岩心（24h），用煤油饱和岩心；前后称重岩心质量。

实验参数：CPMG 序列参数为 TW=1500ms，RG_1=20db，DRG_1=3，PRG=3，SW=250kHz，TD=300018，NECH=6000，TE=0.2ms，P_1=9μs，P_2=18μs，NS=64。

实验方法：将岩心浸没至 40%$MnCl_2$ 溶液中，岩心均以绳悬挂放入溶液内，间隔一段时间进行核磁共振 T_2 谱测试以及成像。成像面为矢状面，岩心每次操作的放置方式和位置保持一致。

3. 核磁数据及分析

为了更好地表明不同大小孔喉半径对渗吸的影响，利用 C 系数，将 15 号岩心和 23 号岩心 $MnCl_2$ 渗吸 T_2 谱图，图 5-18 和图 5-19 分别进行转化，15 号岩心选择的 C 系数为 50，23 号岩心选择的 C 系数为 80。转换后的 15 号和 23 号岩心 $MnCl_2$ 渗吸孔喉半径分别见图 5-20 和图 5-21。

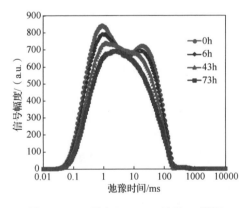

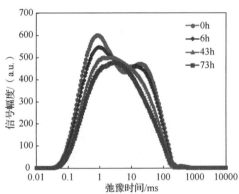

图 5-18　15 号岩心 $MnCl_2$ 渗吸 T_2 谱图　　　　图 5-19　23 号岩心 $MnCl_2$ 渗吸 T_2 谱图

从 15 号岩心和 23 号岩心 $MnCl_2$ 渗吸孔喉半径图 5-20 和图 5-21 可以看出，15 号岩心的渗吸孔喉半径范围主要是在 0.001～3.3μm，其中 0.001～0.1μm 主要为小孔隙，0.1～3.3μm 主要为中、大孔隙。23 号岩心的渗吸孔喉半径范围主要是在 0.001～5.3μm，其中 0.001～0.14μm 主要为小孔隙，0.14～5.3μm 主要为中、大孔隙。T_2 谱图上可以看出，开始渗吸至 6h 时，主要以小孔隙的油析出为主，存在于大孔隙的油仅很少部分析出。另外，随着渗吸时间增加，大孔隙和小孔隙中的油均有析出，整体峰型转变为单峰结构，表面孔隙中的油向某一孔喉半径范围的孔中聚集，并不再析出。

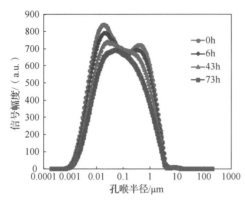

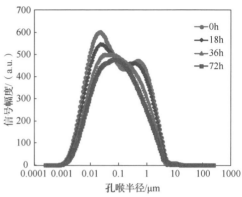

图 5-20　15 号岩心 MnCl$_2$ 渗吸孔喉半径图　　图 5-21　23 号岩心 MnCl$_2$ 渗吸孔喉半径图

利用核磁共振成像原理，做出渗吸过程的灰度图像和伪彩图。核磁共振成像原理可简单归纳为根据需要，将待测样品分成若干个薄层，这些薄层称为层面，这个过程称为选片。每个层面由许多被称为体素的小体积组成。对每一个体素标定一个记号，这个过程称为编码或空间定位。对某一层面施加射频脉冲后，接收该层面的核磁共振信号进行解码，得到该层面各个体素核磁共振信号的大小，最后根据其与层面各体素编码的对应关系，把体素核磁共振信号的大小显示在荧光屏对应的像素上。信号大小用不同的灰度等级表示，信号大的像素亮度高，信号小的像素亮度低。这样就可以得到一幅反映层面各体素核磁共振信号大小的图像，即灰度图像。通过灰度图像与伪彩的映射关系将灰度图转化为伪彩图。之所以称为伪彩，是因为色彩是人为规定的，不是物体本来的颜色。

实验方法：在每段时间渗吸后，将岩心放在核磁成像仪中进行成像作业。

本次实验中，以岩心中心层为研究对象，分别用蓝色表示水，红色表示油。15 号岩心和 23 号岩心的渗吸伪彩图统计结果分别如表 5-3 和表 5-4 所示。

表 5-3　15 号岩心的渗吸伪彩图（后附彩图）

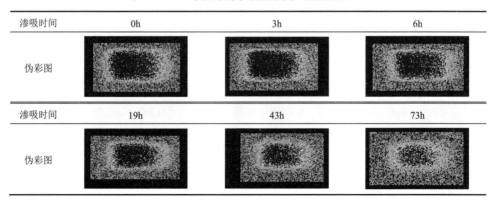

表 5-4　23 号岩心的渗吸伪彩图

渗吸时间	0h	3h	6h
伪彩图			

渗吸时间	19h	43h	73h
伪彩图			

渗吸实验成像小结：从成像上可以看出渗吸是一种由外向内的过程，并未出现明显端面富集的现象。由于进行岩心渗吸实验时，岩心是垂直放置的，而在伪彩图上并没有显现出垂直方向上的渗吸速度比水平速度快，说明岩心的渗吸并不是浮力作用，而是毛管压力作用。

整个渗吸过程中，核磁共振 T_2 谱并非在全孔喉半径范围内均匀变化，即不同孔喉半径对渗吸作用的贡献不同。核磁共振 T_2 谱的横向弛豫时间与孔隙大小成正比，故而可以根据横向弛豫时间来划分大、中、小孔隙：横向弛豫时间小于 10ms 时，孔隙为小孔隙；横向弛豫时间在 $10\sim100$ms 时，孔隙为中孔隙；横向弛豫时间大于 100ms 时，孔隙为大孔隙。做出不同孔隙含油比例随时间的变化图，反应不同孔隙含油比例随时间的变化，15 号岩心和 23 号岩心孔隙含油比例变化曲线分别如图 5-22 和图 5-23 所示。

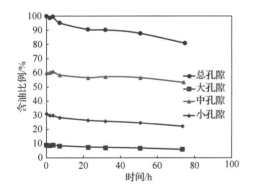

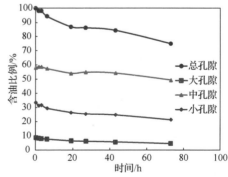

图 5-22　15 号岩心孔隙含油比例变化曲线　　　图 5-23　23 号岩心孔隙含油比例变化曲线

通过 15 号岩心和 23 号岩心孔隙含油比例变化曲线图 5-22 和图 5-23 可以发现，15 号和 23 号岩心随着渗吸时间的增加，中、小孔隙含油比例都在减小，而大孔隙基本保持不变，或者说含油比例变化很小。说明中、小孔隙主要是供油通道，中、小孔道渗吸出的油，不断地进入大孔隙，才会使大孔隙中的含油比例相对比较稳定。然后大孔道的油才会向岩心外排出。

利用累积信号幅度变化图与出油效率对比图，对静态渗吸过程进行分析。岩心渗吸累积信号幅度变化曲线和岩心渗吸出油效率对比曲线分别如图 5-24 和图 5-25 所示。

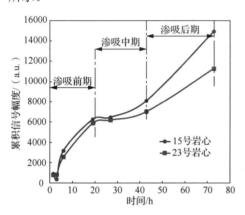 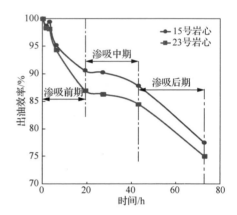

图 5-24　岩心渗吸累积信号幅度变化曲线　　图 5-25　岩心渗吸出油效率对比曲线

通过图 5-24 的岩心渗吸累积信号幅度变化曲线可以发现，随着时间的推移，渗吸累积信号幅度开始增长较快，中期较平稳，后期增长幅度较中期有小幅上升，但不超过前期涨幅速度。这说明渗吸开始时出油量较多，中期时渗吸速度达到稳态，渗吸后期速度略有上升。通过图 5-25 的岩心渗吸出油效率对比曲线可以看出，随着时间的增加，出油效率越来越低。在渗吸前期出油效率较高，渗吸中期出油效率保持稳定，渗吸后期出油效率达到最低，但出油效率下降速度相对渗吸前期较慢，比渗吸中期快。

5.2　驱替与渗吸的区别研究

驱替多指非润湿相加压驱替润湿相，简单来说就是利用压差将润湿相从岩心中驱替出来。在驱替过程中，非润湿相将会沿着大孔隙进入小孔隙，优先饱和大孔隙，然后进入小孔隙。

渗吸是多孔介质自发地吸入某种润湿流体的过程。例如，如果所研究的油藏岩石是亲水的，水将沿着较细小的孔喉侵入基质岩块中，吸进的水把原油从低渗的基质岩块中沿着较大的孔喉驱替出来。渗吸与驱替的区别简单来说就是驱替液体是从大孔隙到小孔隙，而渗吸液体是从小孔隙到大孔隙。岩心渗吸从小孔喉到大孔喉的置换机理示意图如图 5-26 所示。

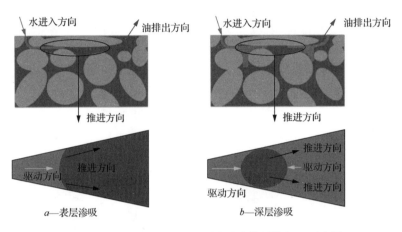

图 5-26　岩心渗吸从小孔喉到大孔喉的置换机理示意图

5.2.1　岩心薄片实验岩样、试剂及仪器

为了更好探究渗吸与驱替过程的差异性，利用岩心薄片进行实验观测[1]，在实现计量、分析的同时，实现渗吸可视化，同时借助核磁数据进行深度分析。选取 5 号岩心、26 号岩心、45 号岩心进行实验，薄片观测岩心参数如表 5-5 所示。

表 5-5　薄片观测岩心参数列表

编号	井名	深度/m	地区	孔隙度/%	渗透率/mD
5	庄 164	1688.9	合水	8.06	0.1810
26	安 72	2410	姬塬	8.69	0.1991
45	里 49	2191	华池	10.86	0.3871

通过岩心薄片实验[2]，利用 Nikon NIS-Elements Documentation 软件对渗吸过程中油水在岩心中的流动以及滞留进行监测。主要用到的仪器和试剂有电子显微镜、岩心薄片、煤油（油溶红染色，呈红色）、蒸馏水（甲基蓝染色，呈蓝色）。薄片观测实验仪器及使用试剂和薄片观测实验所用岩心薄片分别如图 5-27 和图 5-28 所示。

图 5-27 薄片观测实验仪器及使用试剂

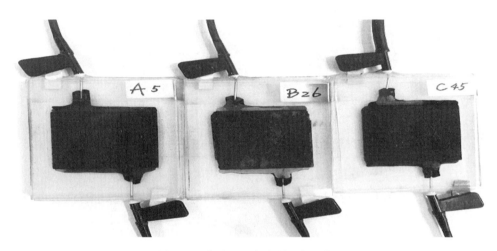

图 5-28 薄片观测实验所用岩心薄片

5.2.2 岩心薄片实验流程

（1）抽真空。将岩心薄片 A 端软管中间用密封钳夹住，并将 A 端软管的开口末端与装满水的滴定管相连。将岩心薄片 B 端与真空泵相连。打开真空泵，将岩心薄片抽真空，至少需要抽真空 5h，如图 5-29（a）所示。

（2）饱和水。先关闭岩心薄片 B 端密封钳，关闭真空泵，再打开岩心薄片 A端的密封钳，使岩心饱和水，待岩心颜色无明显变化时结束。此过程模拟原始地质条件下水先充满岩石孔隙的过程，如图 5-29（b）所示。

（3）饱和油。将岩心薄片 A 端与油相连接，打开岩心薄片 B 端密封钳，给岩心薄片 A 端油路加压，使油进入岩心薄片中。待岩心薄片 B 端出油，且岩心颜色无明显变化时结束。此过程模拟地层产生油气后油驱替水，从而占据孔隙的过程，如图 5-29（c）所示。

（4）水驱油。将岩心薄片 A 端与水相连接，打开岩心薄片 B 端密封钳，给岩心薄片 A 端水路加压，使水进入岩心薄片中。待岩心薄片 B 端出水，且岩心颜色无明显变化时结束。水驱岩心，模拟开发过程中压裂液进入地层的情况，如图 5-29（d）所示。

（5）油反驱水。将岩心薄片 B 端与油相连接，打开岩心薄片 B 端密封钳，给岩心薄片 B 端油路加压，使油进入岩心薄片中。待岩心薄片 A 端出油，且岩心颜色无明显变化时结束。该过程模拟压裂后油进入井筒的过程，如图 5-29（e）所示。

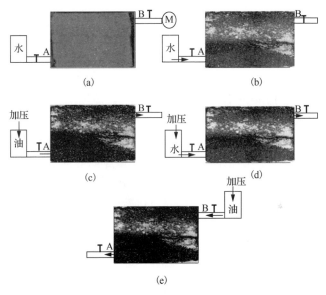

图 5-29　薄片观测实验流程示意图

5.2.3　实验过程及数据记录

1. 5 号岩心薄片观测实验

对 5 号岩心薄片实验现象进行描述。

（1）饱和水：水优先从上端饱和，下端也有少量水进入，但中部几乎无水。30min 时，水在下端建立优势通道，大量水直接由下端通过，上端也建立了通道，但中部几乎无明显变化。1h 时，整个岩心几乎不变化。水沿上下端通过，尤其是下端，中部没有完全饱和。饱和水流入岩心薄片的水量为 3.3mL，流出水量为 3.5mL。

（2）饱和油：将油压提升至 0.02MPa，饱和油速度缓慢，油优先走岩心薄片的上下端，15min 时，上端油突破。20min 时，下端油也突破，但速度较上端缓慢，中部仍为未饱和区域。将油压提升至 0.06MPa，饱和油速度仍较为缓慢，上端突破的油已连片，但下端仅有部分油突破。60min 时，下端油也连片，其他现象不明显。100min 时，将油压提升至 0.1MPa，上下端油量增多，红色加深，但饱和油速度依然较慢。4h 时，期间岩心薄片中部原来未被水饱和的区域有一小部分被油饱和，但中部大部分仍是未饱和区域。饱和油入口流入油量为 0.94mL，出口流出水量为 0.11mL，流出油量为 0.78mL。

（3）水驱油：将水压提升至 0.04MPa，60min 时，水优先从上端突破，下端也饱和得较快，但整体速度较慢。70min 时，下端水也开始突破。90min 时，右侧上下端的水汇合，同时可观察到岩心薄片中间原来未被油水饱和的区域逐渐有油饱和进入。120min 时，将水压提升至 0.1MPa，上下端蓝色加深，水量增多，但速度较为缓慢。中部油向原来未饱和区域继续进入，原来未饱和区域部分呈现淡红色。150min 时，水驱油速度加快，水主要从上下端通过，中部油在水驱下少量饱和进入空白岩心。4h 时，水依旧主要走上下端通道，中部几乎无变化。水驱油入口流入水量为 2.12mL，流出水量为 1.78mL，流出油量为 0.1mL。

（4）油反驱水：将油压提升至 0.1MPa，反驱速度较正驱快，且油优先走上端大通道，5min 左右时，上端右侧水突破，但中部及下端还未有油进入。10min 时，上端油已到达出口端，上端整体饱和油增多，可见明显的油驱通道。但下端相对缓慢，30min 时，下端油也突破，但反驱程度和速度不及上端。90min 时，上下端颜色加深，油含量增加，同时中部明显可以看到油饱和进原来未被充填的孔隙。3h 时，上下端油几乎反驱水完毕，中间未饱和部分逐渐被油所占据，整个岩心油量和水量趋于稳定。油反驱水入口流入油量为 1.3mL，流出水量为 0.4mL，流出油量为 1.1mL。

为了得到岩心薄片实验完毕后水的滞留量，分别通过人工计量法和 Nikon NIS-Elements Documentation 软件对残余水量进行分析。不同颜色对应不同的阈值，通过不同的阈值对油水颜色进行刻画，用蓝色代表水，红色代表油。5 号岩心水驱油与油反驱水结束时的现象分别如图 5-30 与图 5-31 所示，利用软件分析后的 5 号岩心水驱油色谱图与油反驱水色谱图分别如图 5-32 与图 5-33 所示。

图 5-30　5 号岩心水驱油结束　　　　　　　图 5-31　5 号岩心油反驱水结束

图 5-32　5 号岩心水驱油色谱图（后附彩图）　　图 5-33　5 号岩心油反驱水色谱图（后附彩图）

利用色谱法和人工计量法分别对 5 号岩心残余水进行计算。实验结束后，5 号岩心色谱法与人工计量法计算的水在岩石中的滞留量分别见表 5-6 与表 5-7。

表 5-6　5 号岩心色谱法残余水计算表

类型	水驱油过程	油反驱水过程	残余水百分数
蓝色（水）	含水量	含水量	
	36.30%	23.91%	
红色（油）	含油量	含油量	65.78%
	42.35%	56.91%	
灰色	未充填量	未充填量	
	20.35%	16.18%	

表 5-7　5 号岩心人工计量法残余水计算表

流体	水驱油过程	油反驱水过程	残余水百分数
水	含水量	含水量	
	1.03mL	0.63mL	61.11%
油	含油量	含油量	
	0.06mL	0.26mL	

2. 26 号岩心薄片观测实验

对 26 号岩心薄片实验现象进行描述。

（1）饱和水：水优先从下端饱和，上端也有少量水进入，但中部几乎无水。30min 时，水在下端建立优势通道，大量水直接由下端通过，上端也建立了通道，但中部几乎无明显变化。1h 时，上端水逐渐增多，中下端不变。2h 时，整个岩心几乎不变化。水沿上下端通过，尤其是下端，中部没有完全饱和。该过程流入岩心薄片的水量为 0.7mL，流出水量为 0.2mL。26 号岩心饱和水结束时岩心薄片如图 5-34 所示。

（2）饱和油：将油加压至 0.02MPa，油沿水的路径优先进入下端，5min 时，出口端即见水。15min 时，油逐渐也进入上端饱和，上端也突破见油，油几乎是沿水的路径再次饱和岩心。30min 时，油几乎占据了原来水所在的全部区域，而水未饱和的区域油也未饱和。60min 时，变化微弱，油主要沿下端与上端通行，中部饱和缓慢，仍有水。4h 时，岩心颜色几乎无变化。该过程流入油量为 8.9mL，流出水量为 0.035mL，流出油量为 8.8mL。26 号岩心饱和油结束时岩心薄片如图 5-35 所示。

图 5-34　26 号岩心饱和水结束　　　　　　图 5-35　26 号岩心饱和油结束

（3）水驱油：将水加压至 0.04MPa，水优先走下端岩心，5min 时，下端出口即见水。上端也有大量水进入，但没有下端快。中部水驱速度仍然比较缓慢。整体现象与饱和水、饱和油过程相似。10min 时，上端岩心的水也开始突破，出口端上端也见水。30min 时，水逐渐向中部运移，上下端水量增多，颜色变深。上下端水量缓慢增加，中部现象变化不明显。4h 时，提高压力至 0.08MPa，水驱油速度明显加快，但岩心薄片内部油水分布变化不明显，水依旧沿上下端通过。该过程流入水量为 10.95mL，流出水量为 10.6mL，流出油量为 0.04mL。26 号岩心水驱油结束时岩心薄片如图 5-36 所示。

（4）油反驱水：将油加压至 0.06MPa，上下端油几乎同时突破至出口端，速度较快，但水在中间遗留仍较多。30min 时，油反驱水依然走上下端，且反驱速度加快，中部驱水速度缓慢。90min 时，提高压力至 0.14MPa，原来水、油饱和的中部逐渐被油饱和，现象明显。4h 时岩心薄片几乎无变化。26 号岩心油反驱水结束时岩心薄片如图 5-37 所示。

图 5-36　26 号岩心水驱油结束　　　　　　图 5-37　26 号岩心油反驱水结束

为了得到岩心薄片实验完毕后水的滞留量，分别通过人工计量法和 Nikon NIS-Elements Documentation 软件对残余水量进行分析。不同颜色对应有不同的阈值，通过不同的阈值对油水颜色进行刻画，用蓝色代表水，红色代表油。利用软件分析后的 26 号岩心水驱油与油反驱水色谱图分别如图 5-38 与图 5-39 所示。

图 5-38　26 号岩心水驱油色谱图（后附彩图）　　图 5-39　26 号岩心油反驱水色谱图（后附彩图）

利用色谱法和人工计量法分别对 26 号岩心水的滞留量进行计算。实验结束后，26 号岩心色谱法与人工计量法残余水计算结果见表 5-8 与表 5-9。

表 5-8　26 号岩心色谱法残余水计算表

类型	水驱油过程	油反驱水过程	残余水百分数
蓝色（水）	含水量 68.16%	含水量 28.68%	
红色（油）	含油量 16.80%	含油量 59.17%	42.08%
灰色	未充填量 13.04%	未充填量 12.15%	

表5-9　26号岩心人工计量法残余水计算表

流体	水驱油过程	油反驱水过程	残余水百分数
水	含水量 0.815mL	含水量 0.385mL	47.23%
油	含油量 0.105mL	含油量 0.24mL	

3. 45号岩心薄片观测实验

对45号岩心薄片实验现象进行描述。

（1）饱和水：饱和水过程不到2min，上下端水饱和较快，中间相对较慢。流入岩心水量为1.5mL，流出水量为1.3mL。45号岩心饱和水结束时岩心薄片如图5-40所示。

（2）饱和油：将油压提升至0.01MPa，饱和油过程油从岩心薄片两段先突破，特别是下端呈现指状突进，中间则进入得很慢。流入岩心油量为4.25mL，流出油量为4.15mL，流出水量为0.01mL。45号岩心饱和油结束时岩心薄片如图5-41所示。

图5-40　45号岩心饱和水结束　　　　　图5-41　45号岩心饱和油结束

（3）水驱油：将水压提升至0.02MPa，水在驱替进入岩心过程中先在岩心薄片上下端形成优势通道，中间端则驱替很慢。经过1～2h中间端才逐渐见水。4h后水驱油基本结束。流入岩心水量为3.1mL，流出油量为0.02mL，流出水量为2.9mL，45号岩心水驱油结束时岩心薄片如图5-42所示。

（4）油反驱水：将油压提升至0.1MPa，油从岩心薄片上端先突破，上端呈现快速的推进，中间和下端则进入得很慢。10min时，油开始从下端突破，此时上下端同时出油。20min 时，岩心薄片内上下端几乎已充满油，中部仍然有部分水，反驱出口端已有一定油水量。30min 时，岩心薄片内油量越来越多，逐渐向中心移动，反驱出口端油水量也增加。60min 时，岩心薄片上下两端已形成油反驱优势通道，特别是下端，油大量快速推进，而中部则速度缓慢，仍有水存在。120min 时，岩心薄片中部也出现大量油，中部仅剩少数空间为水。流入岩心油量为 1.48mL，流出油量为 1.06mL，流出水量为 0.3mL，45 号岩心油反驱水结束时岩心薄片如图 5-43 所示。

图 5-42　45 号岩心水驱油结束　　　　　图 5-43　45 号岩心油反驱水结束

为了得到岩心薄片实验完毕后水的滞留量，分别通过人工计量法和 Nikon NIS-Elements Documentation 软件对残余水量进行分析。不同颜色有不同的阈值，通过不同的阈值对油水颜色进行刻画，用蓝色代表水，红色代表油。利用软件分析后的 45 号岩心水驱油与油反驱水色谱图分别如图 5-44 与图 5-45 所示。

图 5-44　45 号岩心水驱油色谱图（后附彩图）　　图 5-45　45 号岩心油反驱水色谱图（后附彩图）

利用色谱法和人工计量法分别对 45 号岩心水的滞留量进行计算。实验结束后，45 号岩心色谱法与人工计量法残余水计算结果分别见表 5-10 与表 5-11。

表5-10　45号岩心色谱法残余水计算表

类型	水驱油过程	油反驱水过程	残余水百分数
蓝色（水）	含水量 62.71%	含水量 23.99%	
红色（油）	含油量 23.25%	含油量 62.43%	38.26%
灰色	未充填量 13.94%	未充填量 13.58%	

表5-11　45号岩心人工计量法残余水计算表

流体	水驱油过程	油反驱水过程	残余水百分数
水	含水量 0.39mL	含水量 0.09mL	
油	含油量 0.08mL	含油量 0.5mL	23.07%

5.2.4　实验数据分析

在进行岩心薄片水驱油、油驱水、表面活性剂驱替结束后，每一步都进行了核磁共振 T_2 谱扫描和孔喉半径转换，结果如图5-46～图5-51所示。

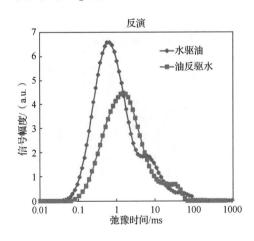

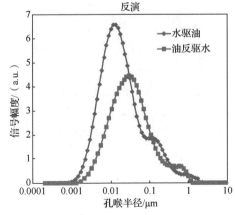

图5-46　5号岩心核磁图谱　　　　　图5-47　5号岩心核磁孔喉半径图谱

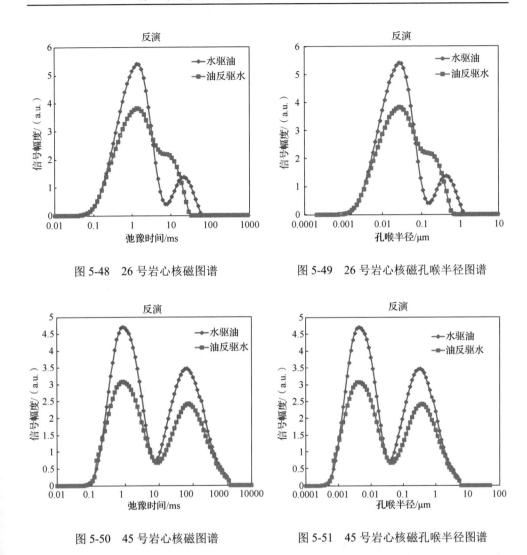

图 5-48　26 号岩心核磁图谱　　　　　图 5-49　26 号岩心核磁孔喉半径图谱

图 5-50　45 号岩心核磁图谱　　　　　图 5-51　45 号岩心核磁孔喉半径图谱

通过图 5-46～图 5-51 岩心核磁图谱和岩心核磁孔喉半径图谱可以看出：油反驱水后的核磁图谱相对于水驱油的核磁图谱而言，整体向右偏移。这说明，在水驱油过程中，油水已经进入大部分易进入的孔喉，到油反驱水时，二次进入岩心薄片的油水很难再次进入已经被水驱油过程充满液体的孔喉。因此，油反驱水时大部分进入岩心薄片的油及被油驱动的水，只能沿着相对较大的孔喉流动。

对比岩心薄片未加表面活性剂和加入表面活性剂水驱油、油反驱水的核磁图谱可以发现，未加入表面活性剂的水驱油与油反驱水核磁图谱的包络面积明显大于加入表面活性剂水驱油与油反驱水的核磁图谱的包络面积的差值。这说明未加表面活性剂的水驱油和油反驱水实验，已经将束缚水和束缚油制造完毕，再次利用表面活性剂水驱油与油反驱水，其油水大部分只能从易流经的大孔喉流经，而不能滞留。

岩心薄片实验是对比了整片岩心的变化计算水的滞留量，没有具体到孔隙级别。为了更好地说明水在孔隙中的滞留，利用电子显微镜拍摄同一个区域不同实验过程的图片进行对比，在微观上说明水的滞留。5 号岩心水驱油和油反驱水微观分布图，26 号岩心水驱油和油反驱水微观分布图，45 号岩心水驱油和油反驱水微观分布图，分别如图 5-52～图 5-57 所示。

从图 5-52～图 5-57 的微观分布图可以看出，5 号、26 号、45 号岩心薄片的 1、3、5 区域发生了油水置换，原本存在的水被油所替代出来，这是典型的驱替现象。但 2、4、6 区域没有发生置换，原本存在的水在油反驱水后，仍然滞留在孔隙里面，这样为渗吸作用的产生提供了条件。

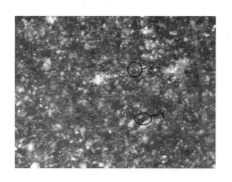

图 5-52　5 号岩心水驱油微观分布图
（后附彩图）

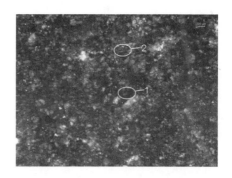

图 5-53　5 号岩心油反驱水微观分布图
（后附彩图）

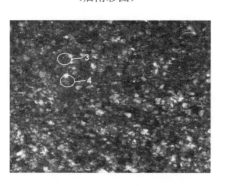

图 5-54　26 号岩心水驱油微观分布图

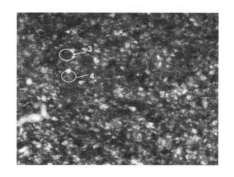

图 5-55　26 号岩心油反驱水微观分布图

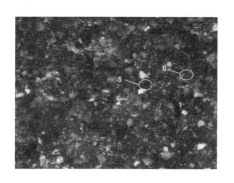
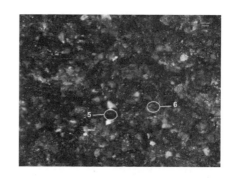

图 5-56　45 号岩心水驱油微观分布图　　　图 5-57　45 号岩心油反驱水微观分布图

　　本次实验使用两种计算方法对水的滞留量进行计算，分别是人工计量法和色谱法。这两种方法测量存在的误差，可能是人工测量误差、电脑识别误差导致，两种方法测量的差值随着水的滞留量的增加而减小。为了更好地分析数据，利用两种测量方法的平均值作为最终水的滞留量。通过以上岩心薄片实验，统计每块岩心水的滞留量，并制作统计表和趋势图，水的滞留量与孔隙度及渗透率统计表如表 5-12 所示。为了便于分析，水的滞留量与孔隙度关系图和水的滞留量与平均空气渗透率关系图，分别如图 5-58 和图 5-59 所示。

表 5-12　水的滞留量与孔隙度及渗透率统计表

岩心	水的滞留量（色谱）	差值	均值	孔隙度/%	平均空气渗透率/mD
5	67.7	12.42	53.91	8.06	0.181
26	41.45	28.78	32.84	8.69	0.1991
45	39.08	14.99	14.075	10.86	0.3871

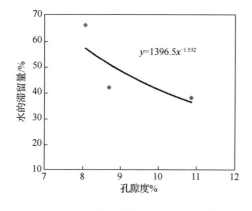
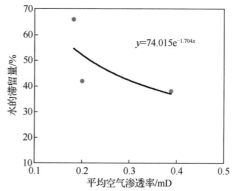

图 5-58　水的滞留量与孔隙度关系图　　　图 5-59　水的滞留量与平均空气渗透率关系图

　　结合图表，可以发现水的滞留量随着孔隙度的减小而增大，随平均空气渗透率的降低而增加。说明致密岩心在实际生产中将会有更多的滞留量，拥有越多水的滞留，在合理闷井时间下，渗吸作用会将更多油置换出来，这与传统油井要求的快速返排不同。传统油井开采的地层相对致密砂岩储层渗透率较高，水的滞留量较少，渗吸作用不明显，快速反排压裂液有利于防止对地层的伤害。对于致密砂岩储层，其渗透率极低，多为滑溜水体积压裂，压裂液本身对储层伤害很小，而且压裂液返排率很低。滞留水会在致密砂岩储层中发生渗吸作用，置换出油，从而提高采收率，因此对于致密砂岩储层，不应再要求高反排率，而是应该确定最佳闷井时间，利用渗吸作用提高采收率。

5.3　主要渗吸孔喉分布界限研究

5.3.1　研究思路

　　利用压汞数据和 C 系数将渗吸前后的核磁图谱转换为渗吸前后孔喉曲线图[3]，从而定性分析主要的渗吸孔喉分布界限。选取 18 块岩心，在渗吸实验前后，分别进行核磁共振 T_2 谱扫描得到 T_2 谱曲线，最后利用 C 系数转换，得到渗吸孔喉分布界限。其中，26 号、35 号两块岩心进行了分时段测试，剩余 16 块进行了渗吸前后的核磁测试，主要渗吸孔喉分布界限研究岩样参数见表 5-13。

表 5-13　主要渗吸孔喉分布界限研究岩样参数列表

编号	井名	深度/m	地区	孔隙度/%	渗透率/mD
1	庄 164	1671.8	合水	9.61	0.3131
2	庄 164	1673.25	合水	8.48	0.1442
3	庄 164	1680.5	合水	3.26	0.0670
4	庄 164	1683.1	合水	3.53	0.0413
7	庄 25	1734.2	合水	3.04	0.0115
8	庄 25	1734.6	合水	3.87	0.0762
9	庄 25	1736.24	合水	6.39	0.0837
10	庄 25	1736.24	合水	2.00	0.0572
11	庄 188	1830.4	合水	5.57	0.0926
13	庄 188	1834.5	合水	4.24	0.0571
18	安 97	2149.76	定边	5.10	0.0540

编号	井名	深度/m	地区	孔隙度/%	渗透率/mD
24	安 72	2402.7	姬塬	4.55	0.0792
26	安 72	2410	姬塬	8.69	0.1991
27	安 72	2414	姬塬	5.04	0.0899
31	安 46	2458.7	定边	4.55	0.0624
35	西 217	2031.5	庆城	6.74	0.1448
48	里 49	2204	华池	3.30	0.0385
49	里 49	2207	华池	4.30	0.0592

5.3.2　岩心实验数据及分析

下面以 18 号岩心为例说明实验数据及分析过程。18 号岩心渗吸前后核磁图谱如图 5-60 所示，18 号岩心在饱和油时，其核磁图谱的包络面积为 569.997，经过蒸馏水渗吸之后核磁图谱的包络面积为 594.444，两者差值为 24.447，说明其发生了渗吸作用。蒸馏水渗吸后的核磁图谱，显示出明显的双峰形态，左峰的包络面积为 522.961，大于右峰的包络面积 72.484，且其变化最大，说明渗吸主要发生在中小孔隙[4]。

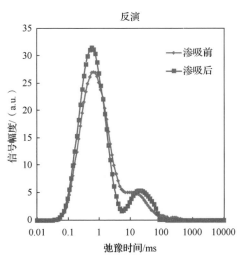

图 5-60　18 号岩心渗吸前后核磁图谱

为了更好地反映出不同孔喉大小对渗吸效果的贡献，将高压压汞曲线与核磁共振 T_2 谱结合，利用 C 系数将核磁共振 T_2 谱图的横坐标弛豫时间转换为孔喉大小。选择不同的 C 系数，转换出来的孔喉半径具有差异性。为了更好地计算 C 系数，将核磁数据归一化处理，然后用不同的 C 系数与压汞曲线进行对比。选择 40 为 18 号岩心 C 系数的值，并做出转换后以孔喉半径为横坐标的核磁共振 T_2 谱。图 5-61 为 18 号岩心 C 系数选择，图 5-62 为转换后的 18 号岩心核磁孔喉半径图谱。

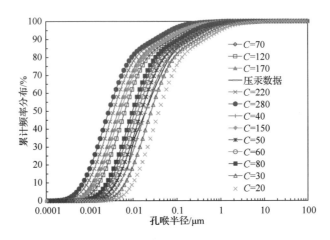

图 5-61　18 号岩心 C 系数选择

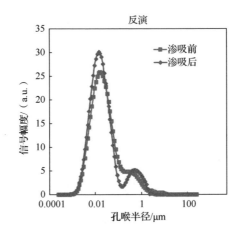

图 5-62　18 号岩心核磁孔喉半径图谱

从图 5-62 可以发现，图谱有变化的孔喉半径范围主要在 0.001～2.5μm，也就是说，发生渗吸作用的孔喉半径主要在 0.001～2.5μm 这个范围。孔喉半径在 0.001～0.03μm 时,渗吸前饱和油的核磁信号幅度比蒸馏水渗吸后的核磁信号幅度小，而孔喉半径在 0.03～2.5μm 时，渗吸前饱和油的核磁信号幅度比蒸馏水渗吸后的核磁信号幅度大。说明半径在 0.001～0.03μm 的孔喉主要在吸收液体，而半径在 0.03～2.5μm 的孔喉主要在排出液体。

利用以上思路，将所选 18 块岩心做类似处理，其渗吸前后核磁图谱及核磁孔喉半径图谱，如图 5-63～图 5-98 所示。

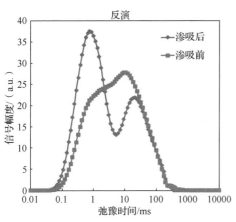

图 5-63　1 号岩心核磁图谱

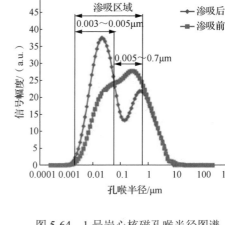

图 5-64　1 号岩心核磁孔喉半径图谱

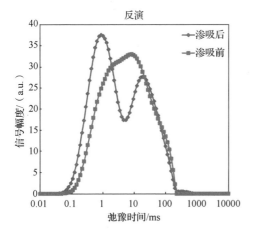

图 5-65　2 号岩心核磁图谱

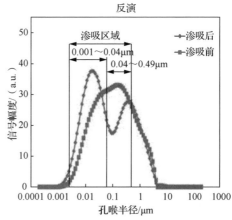

图 5-66　2 号岩心核磁孔喉半径图谱

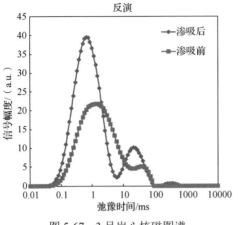

图 5-67　3 号岩心核磁图谱

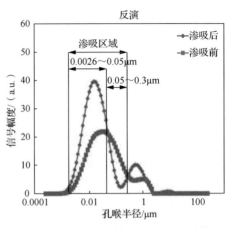

图 5-68　3 号岩心核磁孔喉半径图谱

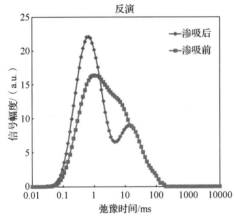

图 5-69　4 号岩心核磁图谱

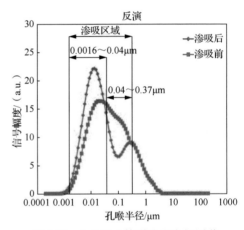

图 5-70　4 号岩心核磁孔喉半径图谱

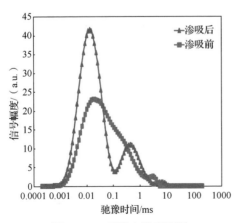

图 5-71　7 号岩心核磁图谱

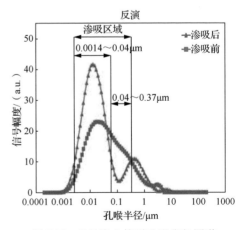

图 5-72　7 号岩心核磁孔喉半径图谱

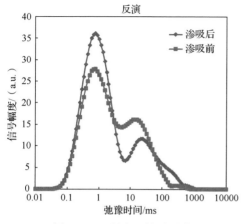

图 5-73　8 号岩心核磁图谱

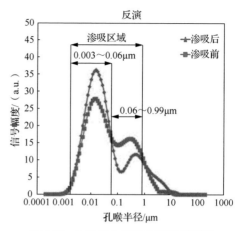

图 5-74　8 号岩心核磁孔喉半径图谱

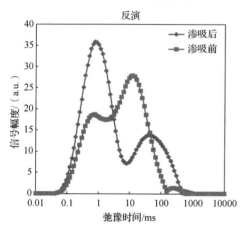

图 5-75　9 号岩心核磁图谱

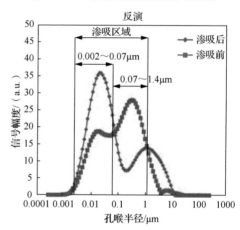

图 5-76　9 号岩心核磁孔喉半径图谱

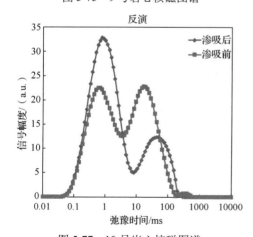

图 5-77　10 号岩心核磁图谱

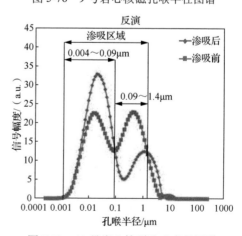

图 5-78　10 号岩心核磁孔喉半径图谱

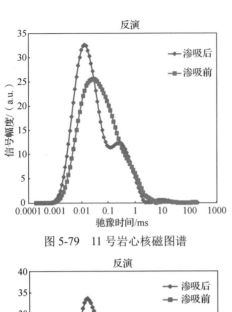

图 5-79　11 号岩心核磁图谱

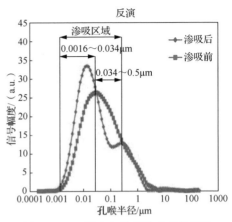

图 5-80　11 号岩心核磁孔喉半径图谱

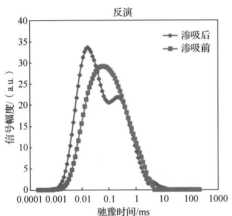

图 5-81　13 号岩心核磁图谱

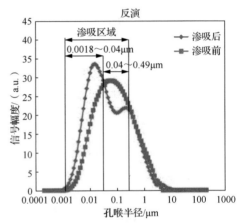

图 5-82　13 号岩心核磁孔喉半径图谱

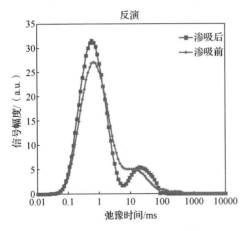

图 5-83　18 号岩心核磁图谱

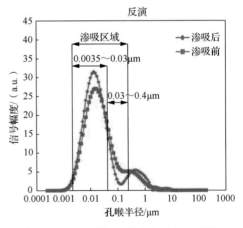

图 5-84　18 号岩心核磁孔喉半径图谱

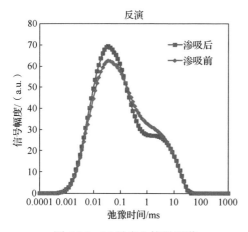

图 5-85　24 号岩心核磁图谱

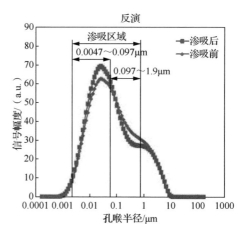

图 5-86　24 号岩心核磁孔喉半径图谱

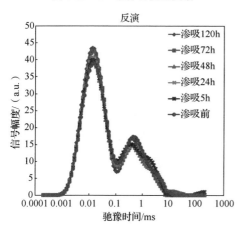

图 5-87　26 号岩心核磁图谱

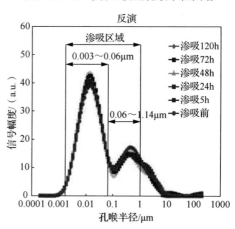

图 5-88　26 号岩心核磁孔喉半径图谱

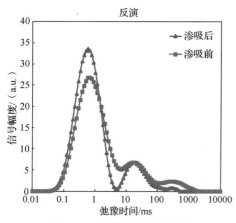

图 5-89　27 号岩心核磁图谱

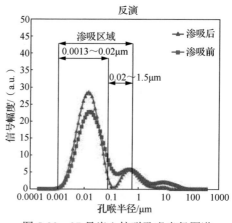

图 5-90　27 号岩心核磁孔喉半径图谱

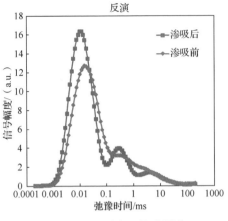

图 5-91　31 号岩心核磁图谱

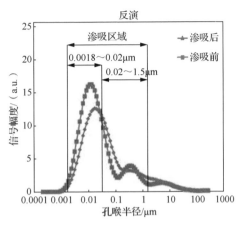

图 5-92　31 号岩心核磁孔喉半径图谱

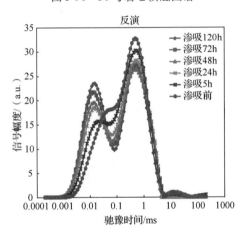

图 5-93　35 号岩心核磁图谱

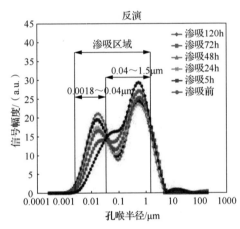

图 5-94　35 号岩心核磁孔喉半径图谱

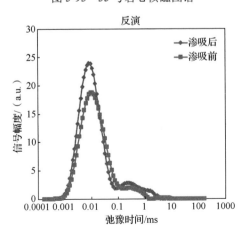

图 5-95　48 号岩心核磁图谱

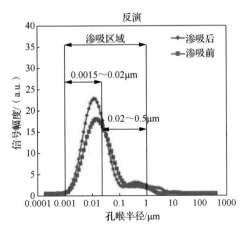

图 5-96　48 号岩心核磁孔喉半径图谱

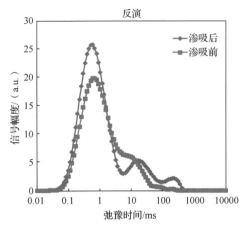

图 5-97　49 号岩心核磁图谱

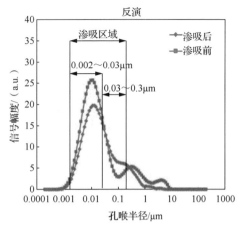

图 5-98　49 号岩心核磁孔喉半径图谱

转换后的岩心渗吸界限统计结果，如表 5-14。

表 5-14　岩心渗吸界限统计列表

编号	渗吸动力孔喉范围/μm	排液孔喉范围/μm	C 值
1	0.003～0.005	0.004～0.7	40
2	0.001～0.04	0.03～0.49	50
3	0.0025～0.05	0.04～0.3	40
4	0.0015～0.04	0.03～0.37	50
7	0.0013～0.04	0.03～0.37	50
8	0.003～0.06	0.005～0.99	50
9	0.002～0.07	0.06～1.4	40
10	0.003～0.09	0.09～1.4	40
11	0.0015～0.034	0.033～0.5	50
13	0.0018～0.04	0.03～0.49	50
18	0.0034～0.03	0.03～0.4	40
24	0.0046～0.097	0.096～1.9	60
26	0.003～0.06	0.05～1.14	50
27	0.0013～0.02	0.02～0.4	60
31	0.0018～0.02	0.02～1.5	60
35	0.0018～0.04	0.03～1.5	60
48	0.0014～0.02	0.02～0.5	60
49	0.002～0.03	0.03～0.3	50

通过表格可以看出，渗吸动力孔喉的平均值在 0.002～0.04μm，排液孔喉的平均值在 0.04～0.81μm。

参 考 文 献

[1] LIU Y, BLOCK E, SQUIER J, et al. Investigating low salinity waterflooding via glass micromodels with triangular pore-throat architectures[J]. Fuel, 2021, 283: 1-9.

[2] 刘娅菲, 杨静雯, 姚婷玮, 等. 纳米聚合物微球对高渗透介质封堵效果评价及作用机理[J]. 油气地质与采收率, 2020, 27(6): 130-135, 142.

[3] 董凤娟, 任大忠, 卢学飞. 注水开发阶段储层流动单元划分与油水分布规律[M]. 北京: 中国石化出版社, 2019.

[4] 刘娅菲. 聚合物微球室内性能评价及应用[M]. 北京: 中国石化出版社, 2020.

第6章　致密砂岩储层压后返排制度优化

致密砂岩储层水力压裂完成后，合理的闷井再生产可以增强滞留在裂缝网络中压裂液的渗吸扩散作用。滞留的渗吸液一方面能增加地层压力，使地层能量得以恢复[1,2]；另一方面能将小孔道中的油气驱替至中、大孔道，有效扩大致密砂岩储层压裂改造体积，提高原油采收率[3]。因此，合适的闷井时间是加强油水渗吸置换的关键。本章从渗吸实验和数值模拟两方面探究闷井时间对渗吸作用的影响规律，通过优化不同条件下的闷井时间来确定合理的返排制度，以确保渗吸采油效果最佳。

6.1　渗吸实验研究返排制度优化

6.1.1　不同储层渗透率影响下闷井时间优化

1. 渗透率/孔喉结构与渗吸稳定时间的关系

渗透率与渗吸稳定时间的关系如图 6-1 所示。从图中可以看出：以渗透率等于 0.2mD 为分界点，当渗透率小于 0.2mD 时，随着渗透率的增大，渗吸稳定时间呈现较弱的递减趋势；当渗透率大于 0.2mD 时，在实验监测时间内渗吸尚未达到稳定状态。

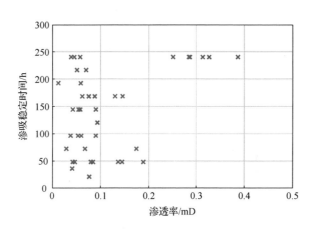

图 6-1　渗透率与渗吸稳定时间散点图

图 6-2 展示了 4 类岩心孔隙度与渗透率的关系，由图中可以看出：

（1）Ⅰ类岩心渗透率均低于 0.1mD、孔隙度分布在 2%～6%；

（2）Ⅱ类岩心渗透率分布在 0.01～0.14mD、孔隙度分布在 3%～9%；

（3）Ⅲ类岩心渗透率分布在 0.03～0.18mD、孔隙度分布在 4%～9%；

（4）Ⅳ类岩心渗透率均大于 0.15mD、孔隙度分布在 8%～10%。

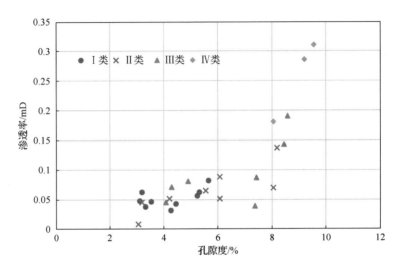

图 6-2　4 类岩心孔隙度与渗透率关系图

采用质量法测得这 4 类岩心的渗吸形态分别如图 6-3～图 6-6 所示，由图中可以看出：

（1）以 16 号岩心为例，渗吸曲线表明随着渗吸的进行，Ⅰ类岩心在短时间内达到渗吸稳定状态，随即渗吸继续，随后再次达到稳定状态；

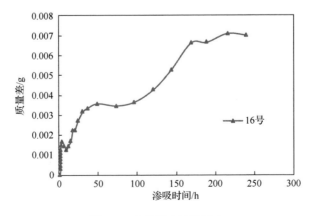

图 6-3　Ⅰ类岩心渗吸形态

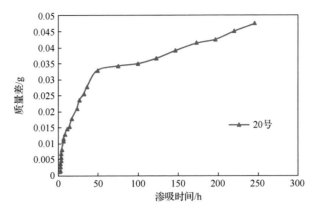

图 6-4　Ⅱ类岩心渗吸形态

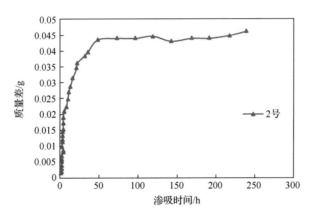

图 6-5　Ⅲ类岩心渗吸形态

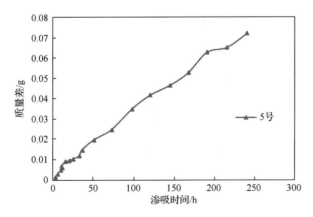

图 6-6　Ⅳ类岩心渗吸形态

（2）以 20 号岩心为例，渗吸曲线表明Ⅱ类岩心的渗吸速率在某一时刻产生突变，在实验监测时间内尚未达到渗吸稳定状态；

（3）以 2 号岩心为例，渗吸曲线表明随着渗吸的进行，Ⅲ类岩心逐渐趋于渗吸稳定状态；

（4）以 5 号岩心为例，渗吸曲线表明Ⅳ类岩心始终以稳定速率渗吸，在实验监测时间内未达到渗吸稳定状态。

综上所述，渗透率较大的岩心达到渗吸稳定状态所需的时间更长，原因在于渗透率越大，岩心孔喉半径越大，使得油水的流动阻力减小，毛管压力主导作用变弱，渗吸作用减弱，达到渗吸稳定所需的时间越长。因此，渗吸过程中岩心质量的变化不仅是渗吸作用引起的，更主要的是油水之间相互作用交换的结果[4,5]。

2. 渗吸稳定时间参数建立

针对长 7 储层渗吸稳定时间拟合分析，同样考虑储层品质指数、孔隙度、渗透率、平均孔喉半径、主流喉道半径、最大进汞饱和度、分选系数、渗吸效率、排驱压力、退汞效率等在不同状态下对储层影响的独立性和叠合作用。

储层渗吸稳定时间（T）与孔隙度（ϕ）、储层品质指数（RQI）、平均孔喉半径（R）、渗透率（K）、主流喉道半径（R_m）、排驱压力（P_c）、最大进汞饱和度（S_{Hg}）、分选系数（S）和退汞效率（W）之间存在相关性。由图 6-7 渗吸稳定时间的关联参数对比分析图可以看出，储层品质指数、孔隙度、渗透率、平均孔喉半径、主流喉道半径、最大进汞饱和度、分选系数、渗吸效率与渗吸稳定时间均表现为负相关关系，而排驱压力、退汞效率与渗吸稳定时间表现为正相关关系。

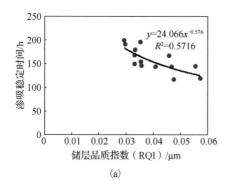

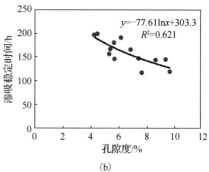

(a)　　　　　　　　　　　　　　　　(b)

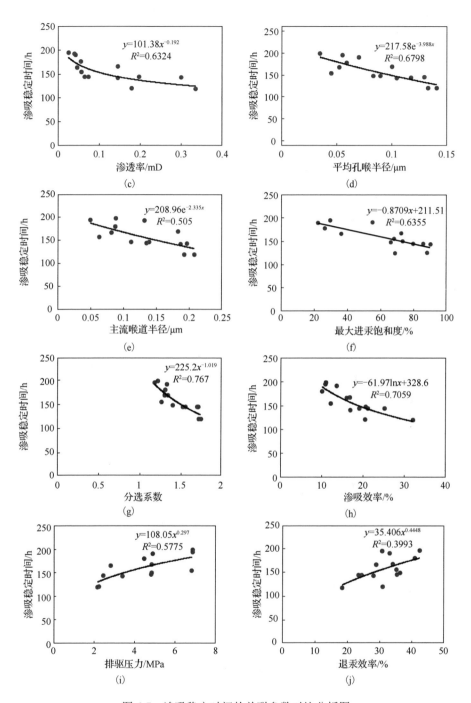

图 6-7　渗吸稳定时间的关联参数对比分析图

3. 储层渗吸稳定时间可信度

为了验证所建立的储层渗吸稳定时间值恢复方法的准确度，选取 14 个未参与实测储层渗吸稳定时间恢复图版建立的长 7 储层实测储层渗吸稳定时间值与模拟储层渗吸稳定时间值进行比较。模拟储层渗吸稳定时间模拟值与实测值对比见表 6-1、图 6-8，可以看出储层渗吸稳定时间模拟值和实测值吻合较好，可信度高。

表 6-1　模拟储层渗吸稳定时间模拟值与实测值对比

样品编号	实测值/h	模拟值/h	绝对误差/h	相对误差/%	标准残差
1	120	131	11	9.17	
2	144	144	0	0	
3	120	128	8	6.67	
4	144	128	16	11.11	
5	144	145	1	0.69	
6	168	166	2	1.19	
7	146	138	8	5.48	
8	192	187	5	2.6	4.66
9	180	181	1	0.56	
10	148	150	2	1.35	
11	195	190	5	2.56	
12	156	165	9	5.77	
13	168	169	1	0.6	
14	198	202	4	2.02	

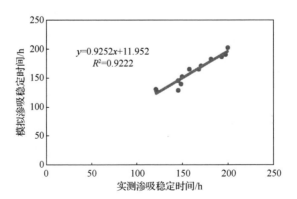

图 6-8　储层渗吸稳定时间实测值与模拟值对比图

4. 储层渗吸稳定时间归一化分析

影响储层渗吸稳定时间的因素是多方面的，在空间分布上也属于多维的。为了更方便地建立储层渗吸稳定时间评价图版，采用降维的方法，将多种影响因素合成一种综合影响因子 Y，绘制出不同 Y 值的储层渗吸稳定时间及其影响参数图版，以解决储层渗吸稳定时间分布及评价问题。根据图 6-7 各因素之间的拟合关系，模拟的综合影响因子 Y 公式如式（6-1）所示：

$$
\begin{aligned}
Y ={} & -1.08\times10^4 \mathrm{RQI} - 3.4\times10^3 \ln\phi + 3.541\times10^3 K^{-0.198} \\
& -0.72\mathrm{e}^{-3.1R} + 69.13\mathrm{e}^{-2.28R_\mathrm{m}} - 0.14S_\mathrm{Hg} - 82.18S^{-1.025} - 29.62P_\mathrm{c}^{0.2791} \\
& -13.76W^{0.4377} + 645.49
\end{aligned}
\tag{6-1}
$$

式中，Y 为综合影响因子；RQI 为储层品质指数，μm；K 为渗透率，mD；ϕ 为孔隙度，%；R_m 为主流喉道半径，μm；R 为平均孔喉半径，μm；P_c 为排驱压力，MPa；S_Hg 为最大进汞饱和度，%；S 为分选系数；W 为退汞效率，%。

储层渗吸稳定时间综合影响因子 Y 是储层品质指数、渗透率、孔隙度、最大进汞饱和度、平均孔喉半径、分选系数、主流喉道半径、退汞效率、排驱压力的综合响应。归一化 Y 值与主要参数之间的关联性如图 6-9 所示，由图中可以看出，归一化综合影响因子 Y 与渗吸稳定时间各影响因素间相关性较好。图 6-10 显示了渗吸稳定时间与归一化 Y 值的关系，可以看出，归一化处理后的综合影响因子 Y 与储层渗吸稳定时间相关性强。

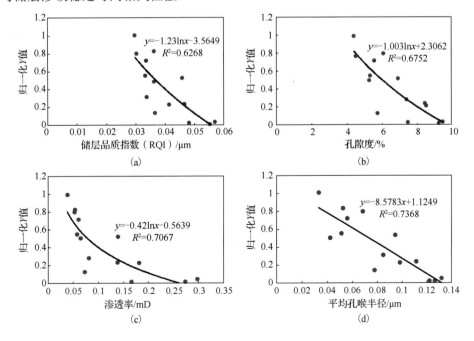

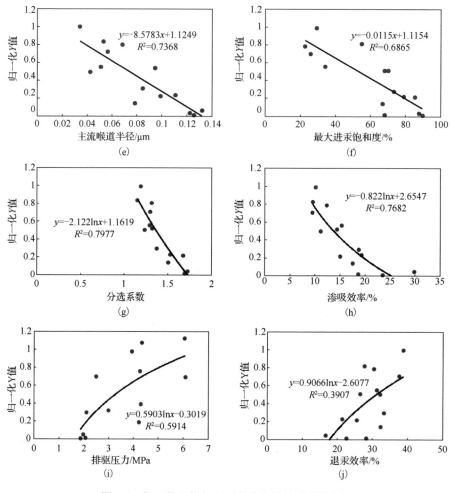

图 6-9　归一化 Y 值与主要参数之间的关联性分析

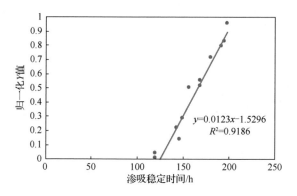

图 6-10　渗吸稳定时间与归一化 Y 值关系图

对比图 6-7 和图 6-9 可以得出，渗吸稳定时间与各影响因素之间的相关性和归一化处理后的综合影响因子 Y 与各影响因素之间的相关性具有一致性。因此，可利用归一化处理后的综合影响因子 Y 综合表征渗吸稳定时间与各影响因素之间的关系。

6.1.2 不同界面张力影响下闷井时间优化

图 6-11 展示了渗吸稳定时间与界面张力的关系，表 6-2 给出了界面张力渗吸稳定时间的统计数据。可以看出，随着界面张力的不断增大，渗吸达到稳定状态的时间也随之增大。渗透率为 0.144mD 的岩心在蒸馏水中的渗吸稳定时间（48h）是使用浓度为 0.15%表面活性剂 ZQ 溶液渗吸稳定时间（40h）的 1.2 倍。

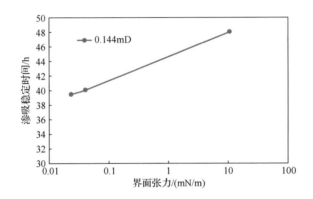

图 6-11 渗吸稳定时间与界面张力关系

表 6-2 界面张力渗吸稳定时间统计

渗透率 /mD	岩心 编号	10.7mN/m		0.04mN/m		0.023mN/m	
		稳定时间/h	倍数/%	稳定时间/h	$\dfrac{0.04\text{mN/m渗吸稳定时间}}{10.7\text{mN/m渗吸稳定时间}}$/%	稳定时间/h	$\dfrac{0.023\text{mN/m渗吸稳定时间}}{10.7\text{mN/m渗吸稳定时间}}$/%
0.144	2	48	—	40	83.33	39	81.25

6.1.3 不同流体黏度影响下闷井时间优化

图 6-12 展示了渗吸稳定时间与流体黏度的关系，表 6-3 给出了流体黏度渗吸稳定时间统计数据。可以看出，随着流体黏度的增加，渗吸达到稳定状态的时间越长。室温下，黏度为 4.26mPa·s 原油的渗吸稳定时间是黏度为 1.87mPa·s 煤油渗吸稳定时间的 2～8.4 倍。

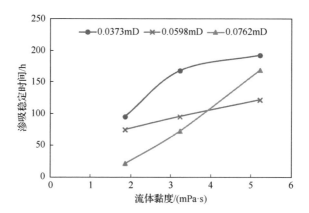

图 6-12　渗吸稳定时间与流体黏度关系

表 6-3　流体黏度渗吸稳定时间统计

渗透率 /mD	岩心 编号	1.87mPa·s		3.23mPa·s		4.26mPa·s	
		稳定时间/h	倍数 /%	稳定时间/h	$\frac{3.23mPa·s渗吸稳定时间}{1.87mPa·s渗吸稳定时间}$/%	稳定时间/h	$\frac{4.26mPa·s渗吸稳定时间}{1.87mPa·s渗吸稳定时间}$/%
0.0373	34	96	—	168	175.00	192	200.00
0.0598	21	72	—	96	133.33	120	166.67
0.0762	8	20	—	72	360.00	168	840.00

6.1.4　不同矿化度影响下闷井时间优化

图 6-13 展示了渗吸稳定时间与矿化度的关系，表 6-4 给出了矿化度渗吸稳定时间统计数据。可以得出，随着矿化度的增大，渗吸到达稳定的时间越长。矿化度为 45000mg/L 盐溶液渗吸稳定时间是蒸馏水渗吸稳定时间的 2～5 倍。

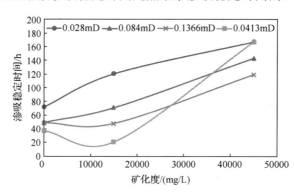

图 6-13　渗吸稳定时间与矿化度关系

表 6-4　矿化度渗吸稳定时间统计

渗透率 /mD	岩心编号	0mg/L		15000mg/L		45000mg/L	
		稳定时间/h	倍数/%	稳定时间/h	$\dfrac{15000\text{mg/L渗吸稳定时间}}{0\text{mg/L渗吸稳定时间}}$ /%	稳定时间/h	$\dfrac{45000\text{mg/L渗吸稳定时间}}{0\text{mg/L渗吸稳定时间}}$ /%
0.028	19	72	—	120	166.67	168	233.33
0.084	9	48	—	72	150.00	144	300.00
0.0413	4	36	—	20	55.56	168	466.67
0.1366	46	48	—	48	100.00	120	250.00

6.2　数值模拟研究返排制度优化

6.2.1　模型及参数

1. 物理模型

对致密砂岩储层实施较为密集的水力压裂改造过程中，在形成人工主裂缝的同时，受到拉伸或挤压作用使得裂缝间的脆性基质产生了较多的错位剪切裂缝。自然微裂缝与剪性裂缝、张性裂缝之间交错相通，对人工主裂缝及水平井筒附近区域进行了相当程度上的改造，在裂缝网络与岩石基质间形成了较为复杂的渗流系统。致密油藏体积压裂改造理想模型示意图如图 6-14 所示，在压力差驱动下，该系统流体的渗流顺序为基质→改造裂缝网络→人工主裂缝→井筒。

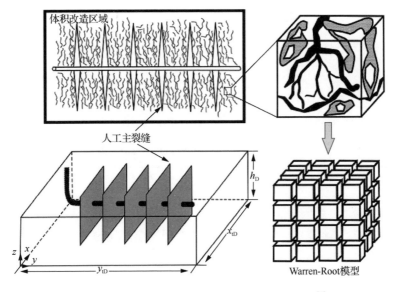

图 6-14　致密油藏体积压裂改造理想模型示意图[6]

致密砂岩储层基质流体的渗流能力相对于裂缝的导流能力较弱，可将人工主裂缝的导流能力看作无限导流，流体在其中的渗流仍遵循达西定律[7-10]。整个体积改造区域可视为是均匀的，其裂缝系统的空间展布及基质和裂缝间的渗流关系可通过 Warren-Root 模型来表征；而体积改造以外区域由于尚未形成有效的渗流通道，对实际生产贡献极少[6]，可忽略不计。

2. 数学模型

实例中致密砂岩岩样取自长庆油田的三个区块，数值模拟模型选取岩样的具体参数见表 6-5。岩心长度为 3.208~3.478cm，岩心直径为 2.5cm 左右，岩心孔隙度为 3.21%~8.53%（平均孔隙度为 5.09%），岩心渗透率为 0.039~0.189mD（平均渗透率为 0.083mD）。经润湿性测试均显示为亲水岩心。

表 6-5　数值模拟模型选取岩样参数列表

编号	井名	深度/m	地区	岩心长度/cm	岩心直径/cm	孔隙度/%	渗透率/mD
9	庄25	1736.24	合水	3.380	2.532	6.39	0.084
22	安97	2135.75	定边	3.478	2.522	3.40	0.039
29	安72	2424.00	姬塬	3.394	2.518	3.21	0.053
36	西217	2034.18	庆城	3.386	2.500	4.71	0.075
41	西213	2073.40	陇东	3.208	2.510	8.53	0.189
49	里49	2207.00	华池	3.424	2.522	4.30	0.059

6.2.2　不同参数条件下返排制度优化

1. 模型参数选择

表 6-6 给出了数值模拟模型选取属性参数列表，表 6-7 为实例井压裂参数列表，图 6-15 和图 6-16 分别展示了模型基质所用相对渗透率曲线和换算后退汞曲线，裂缝不考虑毛管压力作用，渗吸毛管压力曲线选用退汞曲线。

表 6-6　数值模拟模型选取属性参数列表

参数	数值	参数	数值
储层改造体积 SRV/m³	150×30×6	入地液量/m³	200
裂缝宽度/m	0.01	孔隙度/%	6.39
主裂缝导流能力/（μm²·cm）	25	渗透率/mD	0.084
次裂缝导流能力/（μm²·cm）	1	束缚水	0.396
次裂缝间隔/m	5	残余油	0.308
深度/m	1827	储层厚度/m	6

表 6-7　实例井压裂参数列表（改造体积换算参照算例[11,12]）

井号	井型	层位	射孔段/m	厚度/m	入地液量/m³	改造体积/m³
庄 25	直井	长 7	1826～1831	6	200.0	27400
安 72	直井	长 7$_2$	2406～2412	5	116.8	3226.72
安 97	直井	长 7$_2$	2155.4～2160.5	4	140.5	4812.13
西 213	直井	长 8$_1$	2132～2136	4	106.2	3671.6
		长 8$_2$	2162～2165	3	85.3	3941.03
里 49	直井	长 8$_1$	2190～2194	4	122.6	16795.2

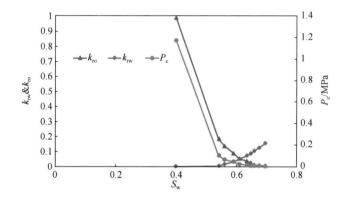

图 6-15　模型基质所用相对渗透率曲线

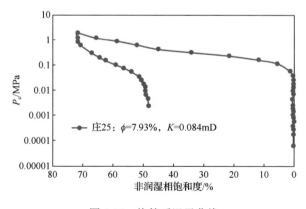

图 6-16　换算后退汞曲线

2. 正交实验设计及基础模型示例

表 6-8 为正交实验设计表，给出了 18 组数据，考虑 3 个因素、3 个水平的影

响。图6-17展示了基础模型运行注完入地液、闷井1天和闷井5天对应的地层饱和度分布情况。

表6-8　正交实验设计表

考虑因素	设置参数
渗透率/mD	0.035、0.084、0.183
黏度/（mPa·s）	1.78、3.23、5.26
界面张力/（mN/m）	0.023、10.7

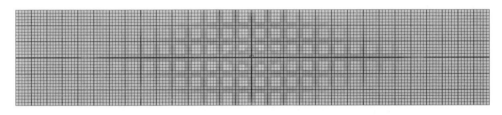

（a）注完入地液

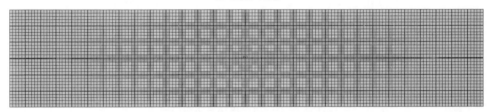

（b）闷井1天

（c）闷井5天

0.0000	0.2500	0.5001	0.7501	1.002

图6-17　基础模型运行示例

图6-18～图6-20展示了基础模型采出程度、累计产水量和综合含水率曲线，表6-9给出了基础模型运行数据统计。

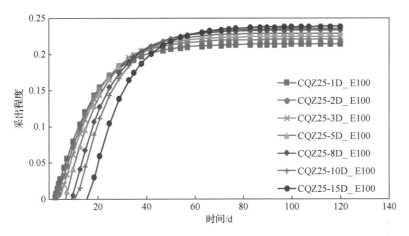

图 6-18 基础模型采出程度曲线

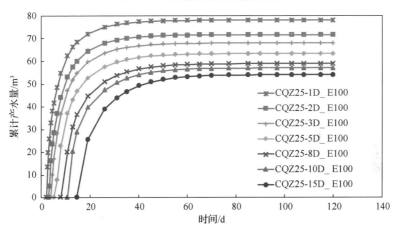

图 6-19 基础模型累计产水量曲线

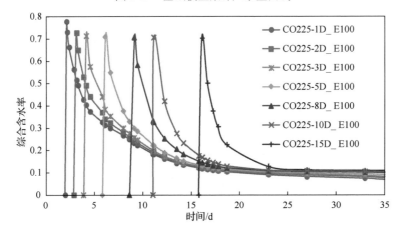

图 6-20 基础模型综合含水率曲线

表 6-9　基础模型运行数据统计

闷井时间/d	采收率/%	返排量/m³	返排率/%
1	21.47	78.14	39.07
2	22.12	71.74	34.87
3	22.49	68.03	33.02
5	22.97	63.35	31.68
8	23.41	58.98	29.49
10	23.60	56.03	28.52
15	23.90	53.04	26.02

3. 不同条件下返排制度优化

1）不同储层渗透率影响下闷井时间优化

图 6-21 展示了不同黏度和界面张力下最优闷井时间与渗透率的关系。可以看出：在相同渗透率下最优闷井时间随界面张力的增大而增加，界面张力为 10.7mN/m 时的最优闷井时间约为 0.023mN/m 时最优闷井时间的 2.5 倍；渗透率大于 0.1mD 时，较小界面张力下（0.023mN/m）的最优闷井时间随流体黏度的增加而增大；在相同流体黏度下最优闷井时间随渗透率的增加而减少，渗透率为 0.035mD 时的最优闷井时间约为 0.183mD 时最优闷井时间的 1.5 倍。

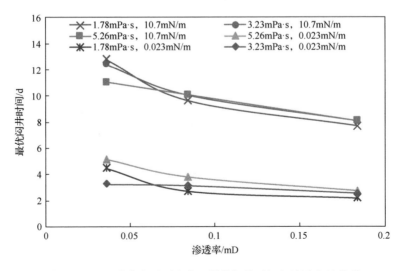

图 6-21　不同黏度和界面张力下最优闷井时间与渗透率的关系

2）不同流体黏度影响下闷井时间优化

图 6-22 展示了不同渗透率和界面张力下最优闷井时间与流体黏度的关系。可以看出：在相同流体黏度下，最优闷井时间随着界面张力的增大而增加，界面张力为 10.7mN/m 对应的最优闷井时间大约是 0.023mN/m 对应的最优闷井时间的 2.5 倍；在相同渗透率时，最优闷井时间随流体黏度的增加而增加，界面张力较小时（0.023mN/m），流体黏度为 5.26mPa·s 对应的最优闷井时间约是 1.78mPa·s 对应的最优闷井时间的 1.5 倍；界面张力较大时（10.7mN/m），流体黏度为 5.26mPa·s 对应的最优闷井时间与 1.78mPa·s 对应最优闷井时间相差不大。

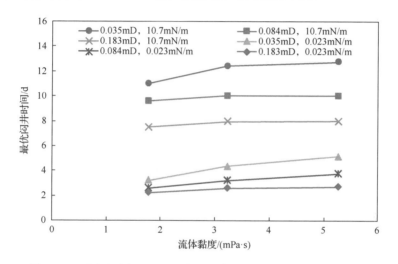

图 6-22　不同渗透率和界面张力下最优闷井时间与流体黏度的关系

参 考 文 献

[1] 刘敦卿. 压裂液微观渗吸与"闷井"增产机理研究[D]. 北京: 中国石油大学, 2017.

[2] 杜洋, 雷炜, 李莉, 等. 页岩气井压裂后焖排模式[J]. 岩性油气藏, 2019, 31(3): 145-151.

[3] 韩慧芬, 杨斌, 彭钧亮. 压裂后焖井期间页岩吸水起裂扩展研究——以四川盆地长宁区块龙马溪组某平台井为例[J]. 天然气工业, 2019, 39(1): 74-80.

[4] 王云龙, 胡淳竣, 刘淑霞, 等. 低渗透油藏动态渗吸机理实验研究及数字岩心模拟[J]. 科学技术与工程, 2021, 21(5): 1789-1794.

[5] 付兰清. 大庆油田致密砂岩储层物性特征及渗流机理研究[D]. 大庆: 东北石油大学, 2018.

[6] MEDEIROS F, KURTOGLU B, OZKAN E, et al. Pressure-Transient Performances of Hydraulically Horizontal Well in Locally and Globally Naturally Fractured Formations[C]. IPTC11781, the International Petroleum Technology Conference, Dubai, United Arab Emirates, 2007: 1-10.

[7] LIU X, ZHOU D, YAN L, et al. On the imbibition model for oil-water replacement of tight sandstone oil reservoirs[J]. Geofluids, 2021, 2021(5): 1-7.

[8] 刘雄, 田昌炳, 姜龙燕, 等. 致密油藏直井体积压裂稳态产能评价模型[J]. 东北石油大学学报, 2014, 38(1): 91-96, 7.

[9] 刘雄, 田昌炳, 万英杰, 等. 裂缝性致密油藏直井体积改造产能评价模型[J]. 现代地质, 2015, 29(1): 131-137.

[10] 王军磊, 位云生, 程敏华, 等. 页岩气压裂水平井生产数据分析方法[J]. 重庆大学学报, 2014, 37(1): 102-109.

[11] 武治岐, 王厚坤, 王睿. 裂缝性致密油藏体积压裂水平井压力动态分析[J]. 新疆石油地质, 2018, 39(3): 333-339.

[12] 李帅, 丁云宏, 吕焕军, 等. 一维两相同向渗吸模型的求解方法[J]. 断块油气田, 2017, 24(1): 56-59.

彩　　图

图 3-12　17 号岩心
蒸馏水渗吸

图 3-13　17 号岩心
15000mg/L 的盐水渗吸

图 3-14　17 号岩心
45000mg/L 的盐水渗吸

图 3-26　19 号岩心饱
和模拟油 2 渗吸

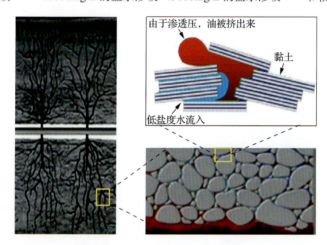

图 4-13　渗透压置换模型示意图

表 5-3　15 号岩心的渗吸伪彩图

渗吸时间	0h	3h	6h
伪彩图			
渗吸时间	19h	43h	73h
伪彩图			

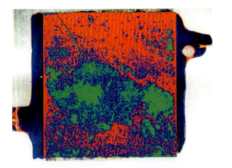

图 5-32　5 号岩心水驱油色谱图

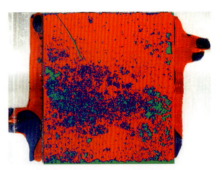

图 5-33　5 号岩心油反驱水色谱图

图 5-38　26 号岩心水驱油色谱图

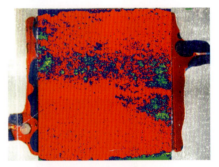

图 5-39　26 号岩心油反驱水色谱图

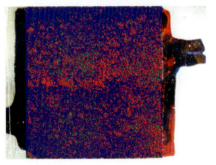

图 5-44　45 号岩心水驱油色谱图

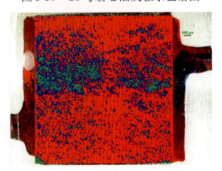

图 5-45　45 号岩心油反驱水色谱图

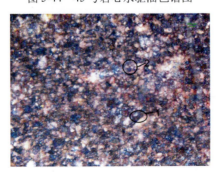

图 5-52　5 号岩心水驱油微观分布图

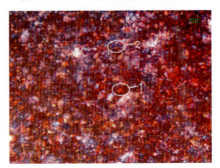

图 5-53　5 号岩心油反驱水微观分布图